増補改訂版

ショートアニメーション メイキング講座

吉邉尚希

works by
CLIP STUDIO PAINT PRO/EX

技術評論社

Digest **Making Short Animation**

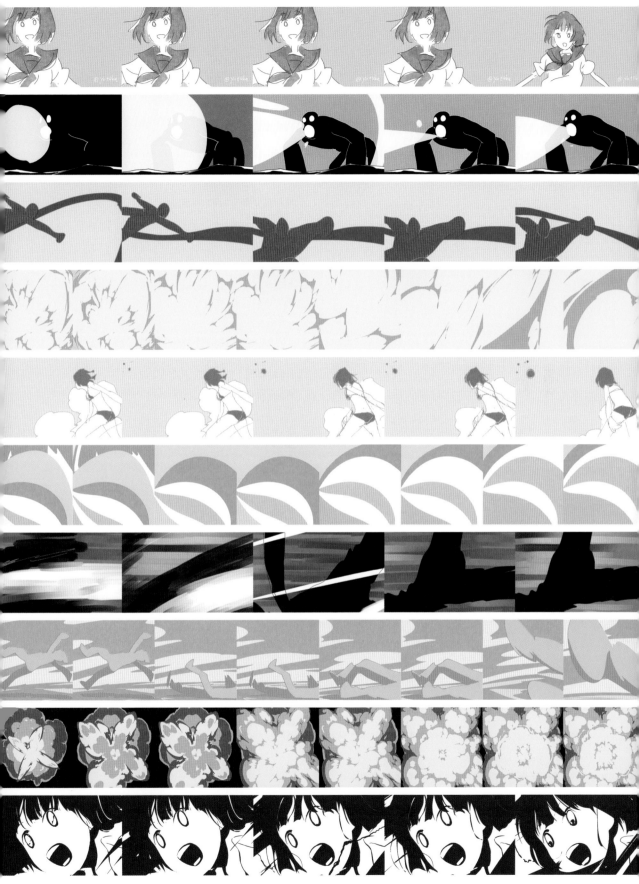

※ 特典アニメーションを含みます

注 意

ご 購 入 ・ ご 利 用 前 に 必 ず お 読 み く だ さ い

本書の内容について

●本書は株式会社セルシスの「CLIP STUDIO PAINT EX」を使用して解説しております。
本書記載の情報は、2022年1月1日現在のものになりますので、ご利用時には変更されている場合もあります。
また、ソフトウェアはバージョンアップされる場合があり、本書での説明とは機能内容や画面図などが異なってしまうこともあり得ます。本書ご購入の前に必ずソフトウェアのバージョン番号をご確認ください。
本書発行時点でのCLIP STUDIO PAINTの最新バージョンは、「1.11.8」です。

●本書はCLIP STUDIO PAINTの「EX」をベースに解説していますが、一部機能を除いて、「PRO」「DEBUT」でもご利用いただけます。「EX」のみご利用できる機能に関しては、本文中に注釈として記載しています。

●ソフトウェアは、Windows版をベースに解説しておりますが、macOS版でもご利用いただけます。

●Chapter5「Yoshibe's Works Digest」では、著者の携わった商業作品での制作技法を一部紹介しています。

●本書に記載された内容は、情報の提供のみを目的としています。本書の運用については、必ずお客様自身の責任と判断によって行ってください。これら情報の運用の結果について、技術評論社及び著者はいかなる責任も負いかねます。
また、本書内容を超えた個別のトレーニングにあたるものについても、対応できかねます。あらかじめご承知おきください。

CLIP STUDIO PAINTはご自分でご用意ください

●詳細は、株式会社セルシスの下記Webサイトをご覧ください。
http://www.clipstudio.net

作例ファイルのダウンロードについて

●本書で使用している作例ファイルをダウンロードデータとして配布しています(作例ファイルの詳細、およびダウンロード方法はp.10を参照のこと)。作例ファイルの利用には、CLIP STUDIO PAINTが必要です。

●一部作例データ(タイムラインが24フレーム以上のもの)は、CLIP STUDIO PAINTの「PRO」「DEBUT」では再生による動きの確認のみご利用可能です。これらのデータの編集にはCLIP STUDIO PAINTの「EX」が必要となります。

●本書で使用した作例の利用は、必ずお客様自身の責任と判断によって行ってください。これらのファイルを使用した結果生じたいかなる直接的・間接的損害も、技術評論社、著者、プログラムの開発者、ファイルの制作に関わったすべての個人と企業は、一切その責任を負いかねます。

CLIP STUDIO PAINTの
動作に必要なシステム構成

【Windows】

●SSE2対応のIntel®またはAMD®プロセッサ
●Microsoft Windows 8.1、Windows 10、Windows 11 64bit オペレーティングシステム日本語版
●2GB以上のメモリ必須、8GB以上推奨
●3GB以上の空き容量のあるストレージ
●OpenGL 2.1対応のGPU
●ソフトウェアのライセンス認証、およびオンラインサービスの利用には、インターネット接続および登録が必要です。

【macOS】

●Intel®またはApple M1／M1 Pro／M1 Maxプロセッサ
●Apple macOS 10.14、10.15、11、12 オペレーティングシステム日本語版[※1]
●2GB以上のメモリ必須、8GB以上推奨
●3GB以上の空き容量のあるストレージ
●OpenGL 2.1対応のGPU
●ソフトウェアのライセンス認証、およびオンラインサービスの利用には、インターネット接続および登録が必要です。
※1 Apple M1／M1 Pro／M1 Maxプロセッサの場合は、macOS 11、12にのみ対応

【iPad】

●iPadOS 14、15
●2GB以上のメモリ必須、4GB以上推奨
●6GB以上の空き容量のあるストレージ
●10.5インチ以上のディスプレイサイズを推奨
●ソフトウェアのライセンス認証、およびオンラインサービスの利用には、インターネット接続および登録が必要です。

【iPhone】

●iOS 14、15
●2GB以上のメモリ必須、4GB以上推奨
●6GB以上の空き容量のあるストレージ
●5.5インチ以上のディスプレイサイズを推奨
●ソフトウェアのライセンス認証、およびオンラインサービスの利用には、インターネット接続および登録が必要です。

これらの注意事項をご承諾いただいたうえで、本書をご利用願います。これらの注意事項をお読みいただかずに、お問い合わせいただいても、技術評論社および著者は対処しかねます。あらかじめ、ご承知おきください。

本文中に記載されている製品名、会社名、作品名は、すべて関係各社の商標または登録商標です。
本文中では™、®などのマークを省略しています。

は じ め に

「アニメーション」とひと口に言ってもその表現は多岐に渡ります。
アニメだけがアニメーションではなく、日ごろよく目にするCMなどでのロゴのちょっとした動きから、スマートフォンのユーザーインタフェースやアイコンを押したときの動きなど「モーション」と呼ばれる表現も一種のアニメーションといえるでしょう。

この本は「アニメの技術書」ではなく、敢えて「アニメーション表現の入門書」となるよう心掛けました（とはいえ、キャラクター表現に寄ったものではありますが）。アニメーションについてさまざまな表現や方法論があるなかで、教わり、実践して培ってきた「動きを創る」うえでの基本的な考え方やコツを、"あくまで自分が"語り得る範囲で執筆しています。

"あくまで自分が"と前置きしたのは、アニメーションに「セオリーはあっても正解はない」と考えているからです。
アニメーションに関連するものだけでもさまざまな本があり、先生や師匠、上司によって言うことが違うといったこともあるでしょう。

しかし、おそらく一様に、そして自分も同様に口にする大

前提があります。
それは、「アニメーション（動き）を学ぶということは、自然界や物理の理を知るということであり、観察こそが第一歩である」ということです。

たとえば、ボールが跳ねる動きについて理解するにはボールが跳ねる様子を観察するのがもっとも早いです。
しかし、ボールが跳ねる動きの描き方を方法論として頭に入れておくことは、手を動かす際の助けになりますし、知識として蓄積していくことによって、観察しなくても動きを「想像」することができるようになっていきます。

――観察と知識と実践。

とにかく目で見て、さまざまな人の表現を研究し、話を聞き、読み、そして、なにより実際に手を動かして試してみながら、自分に合った正解を探していくことが大切です。
これは、アニメーションに限らず「何かを表現する」うえでの大前提になるかと思います。

この本が、そういった助けの入り口の1つになれたなら幸いです。

2017年春に初版発行した『ショートアニメーション メイキング講座』をとても多くの方々のお手に取っていただいたうえにご好評もいただき、このたびこうして増補改訂版を出す機会を得られたことをたいへん光栄に思います。
「はじめに」の末文にある「入り口」の1つとして、まさにアニメーションをはじめたばかりという方たちのお力になっていたというお話を耳にすることもあり、とても冥利に尽きる幸せなことでした。

CLIP STUDIO PAINTのアップデートなどもあり、改訂版を出したいという思いが常々ありました。この増補改訂版を機に新規原稿も書かせていただいたことを含め、多くの方々の協力と尽力により最新かつ完全版として心残りのないものとなったと自負しております。
引き続き、本書が皆様の創作の一助となることを祈っております。

2021年12月　吉邉尚希

1 本書の使い方

本書は、Chapter1〜Chapter5の全5章立てとなっています。

Chapter1……CLIP STUDIO PAINT PRO／EXのアニメーション機能について解説します。
Chapter2……アニメーション用語や表現方法の基本を解説します。
Chapter3……CLIP STUDIO PAINTを使ったアニメーション制作の基本を解説します。
Chapter4……豊富な作例によるショートアニメーションのメイキングです。
Chapter5……筆者の実際の仕事をダイジェストで紹介します。

本書の構成

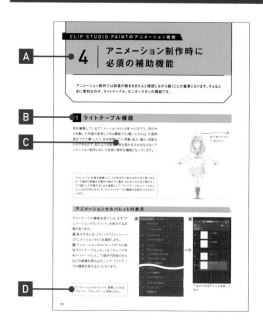

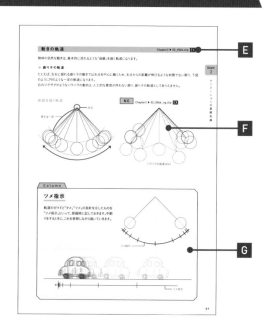

A 節

各Chapterはいくつかの節に分かれています。

B 見出し

その節の内容を細かく分けています。ソフトの機能紹介やショートアニメーションの制作手順など、より小さな単位で解説しています。
なお、**EX**の表記があるものは、CLIP STUDIO PAINT EXのグレードで利用できます。

C 解説／図

文章と図による解説です。

D POINT

機能解説や作業手順の中で、知っておくべきポイントや注意点を紹介しています。

E 作例ファイル名

その見出しで使う、作例ファイルの名前を記しています。開いてご確認ください（ファイルの利用方法については、p.10を参照ください）。

なお、**EX**の表記があるものは、CLIP STUDIO PAINT PROのグレードで開いたときに「読み取り専用ファイル」となりますが、動きの確認は問題なく行えます（詳細は、p.17を参照ください）。

F NG例

Chapter2に登場します。アニメーション表現において、やってしまいがちなNG作例を掲載しています。NG作例ファイルも用意されているので、開いて確認してみてください。

G Column

そこで解説している内容に関連して、知っておきたいテクニックや知識を紹介しています。

手順の解説について

メイキングは、文章と図によって作業手順を解説しています。

H 手順番号と図番号

解説によっては、手順に数字番号が振られています。文章と図の数字が対応しています。

I タイムライン

CLIP STUDIO PAINTのタイムライン(p.24)です。アニメーション制作における絵、つまりアニメーションセル(以降:セル)の表示、切り替えのタイミングがわかります。このタイミングをコントロールすることで絵を動かしていきます。

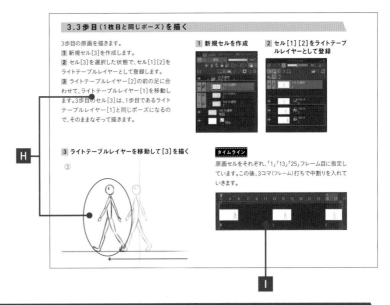

3.3 歩目(1枚目と同じポーズ)を描く

3歩目の原画を描きます。
1 新規セル[3]を作成します。
2 セル[3]を選択した状態で、セル[1][2]をライトテーブルレイヤーとして登録します。
3 ライトテーブルレイヤー[2]の前の足に合わせて、ライトテーブルレイヤー[1]を移動します。3歩目のセル[3]は、1歩目であるライトテーブルレイヤー[1]と同じポーズになるので、そのままなぞって描きます。

1 新規セルを作成

2 セル[1][2]をライトテーブルレイヤーとして登録

3 ライトテーブルレイヤーを移動して[3]を描く

タイムライン

原画セルをそれぞれ、「1」「13」「25」フレーム目に指定しています。この後、3コマ(フレーム)打ちで中割りを入れていきます。

図中のセル番号について

アニメーション制作では、複数枚に渡り、セルに絵を描いていきます。

本文中では、セル[1][2][3]……のような形で各セルの名称を表記していますが、図には原画と中割り(p.82)のセルに、実際のアニメーション現場で使われているものに近い形の専用の番号アイコンを表記しています。

①……丸で囲われた赤色の数字は、「原画セル」です。①となっていた場合、原画のセル[1]を表しています。

1a……赤色の数字のみは、「中割りセル」です。1aとなっていた場合、中割りのセル[1a]を表しています。

セルの番号アイコン
①

また、ライトテーブル機能(p.38)やオニオンスキン(p.49)を使って、前や後ろのセルを透かして描いている場合、「①(前のセル)→②(作画中のセル)→③(後ろのセル)」のように重なりがわかるように表記しています。

前のセル
作画中のセル
後ろのセル
③ → 3a → ④

2 macOS、iPad、iPhoneでの本書の利用方法

本書は、CLIP STUDIO PAINTのWindows版を使って解説しておりますが、macOS、iPad、iPhone版でも利用できます。
macOS、iPad、iPhone版は、メニューやキーの表記、一部操作方法が異なりますので注意してください。

メニューとキー表記の違い

一部のメニューやキーは、Windows、macOS、iPad、iPhone版でそれぞれ異なります。

▶ メニュー表記

Windows版の次の操作は[ファイル]メニューに
ありますが、それ以外では場所が異なります。
・[環境設定]
・[コマンドバー設定]
・[ショートカットキー設定]
・[修飾キー設定]
・[筆圧検知レベルの調節]

それぞれ下記のメニューから実行できます。
・macOS版：[CLIP STUDIO PAINT]メニュー
・iPad版：メニュー
・iPhone版：≡→[アプリ設定]メニュー

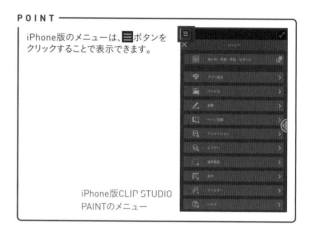

POINT

iPhone版のメニューは、≡ボタンを
クリックすることで表示できます。

iPhone版CLIP STUDIO
PAINTのメニュー

▶ キー表記

キーは右表のように読み替える必要があります。

Windows版	macOS、iPad、iPhone版
Ctrl	command
Alt	option

Apple Pencilで快適に描くための設定

iPadでは、Apple Pencilを使用することで液晶ペンタブレットと同じような
感覚で描けます。純粋にペンのみで描きたい場合、コマンドバーにある「指
とペンで異なるツールを使用」ボタンをONにすると、誤って指で画面に
触れてしまっても描画されなくなります。

ONにする

ポータルアプリケーション「CLIP STUDIO」の起動

素材などのダウンロードで使用するポータルアプリケーショ
ン「CLIP STUDIO」(p.78)の起動は、iPad版の場合「CLIP
STUDIOを開く」ボタンをクリックします。
iPhone版の場合、≡→[アプリ設定]メニュー→[CLIP
STUDIOを開く]を実行します。

iPad版

iPhone版

エッジキーボード

iPad、iPhoneでは、基本的にキーボードが使えないため、ショートカットや修飾キー（p.76）を実行するために「エッジキーボード」を使います。エッジキーボードには、好きな操作を登録することもできます。

▶ iPad版のエッジキーボード

エッジキーボードの表示は、左側（もしくは右側）の画面外から内側に向かって指をスライドさせます。
画面内から外側に向かって指をスライドさせると、エッジキーボードを非表示にできます。

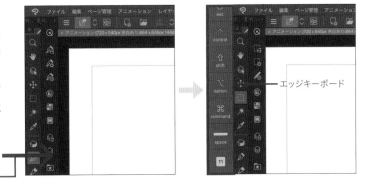

指をスライドさせる

エッジキーボード

▶ iPhone版のエッジキーボード

エッジキーボードの表示は、「エッジキーボードの表示」ボタンをクリックします。
もう1度「エッジキーボードの表示」ボタンをクリックすることで、エッジキーボードを非表示にできます。

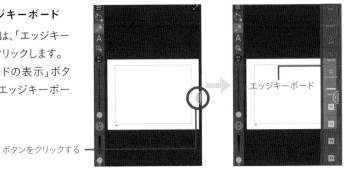

ボタンをクリックする

エッジキーボード

iPhone版でアニメーション関連パレットを表示する方法

iPhone版で「アニメーションセルパレット」（p.38）や「タイムラインパレット」（p.24）を表示するには、画面下部の「パレットバー」にパレット表示のためのボタンアイコンを追加し、それをクリックする方法がオススメです。

1 パレットバー設定を開く

☰→[アプリ設定]メニュー→[パレットバー設定]を実行します。

2 ボタンアイコンを追加する

「アニメーションセル」と「タイムライン」にチェック✓を入れます。

チェック✓
を入れる

3 パレットを表示する

アニメーションセルとタイムラインパレットとボタンアイコンが追加されるので、クリックすることで表示できます。

クリックするとパレットを表示できる

3 ダウンロードファイルについて

本書で掲載、解説を行った作例ファイルは、小社Webサイトの本書専用ページよりダウンロードできます。ダウンロードの際は、記載のIDとパスワードを入力してください。IDとパスワードは半角の英数字で正確に入力してください。

ファイルのダウンロード方法

1 Webブラウザを起動して、下記の本書Webサイトにアクセスします。

https://gihyo.jp/book/2022/978-4-297-12549-3

2 Webサイトが表示されたら、[本書のサポートページ]のボタンをクリックしてください。

📖 **本書のサポートページ**
サンプルファイルのダウンロードや正誤表など

3 作例データのダウンロード用ページが表示されます。下記IDとパスワードを入力して[ダウンロード]ボタンをクリックしてください。

アクセスID ClipStudio_22　　パスワード B4hQ7jbw

4 ブラウザによって確認ダイアログが表示されますので、[保存]をクリックすると、ダウンロードが開始されます。macOSの場合には、ダウンロードされたファイルは、自動解凍されて「ダウンロード」フォルダーに保存されます。

5 ダウンロードフォルダーに保存されたZIPファイルを右クリックして、[すべて展開]をクリックすると、展開されて元のフォルダーになります。

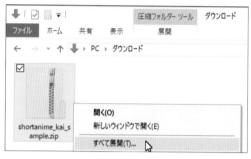

ダウンロードの注意点

- ファイル容量が大きいため、ダウンロードには時間がかかります。ブラウザが止まったように見えてもしばらくお待ちください。
- インターネットの通信状況によってうまくダウンロードできないことがあります。その場合はしばらく時間を置いてからお試しください。
- ご使用になるOSやWebブラウザによって、操作が異なることがあります。
- macOSで、自動解凍しない場合には、ダブルクリックで展開することができます。

ダウンロードファイルの内容

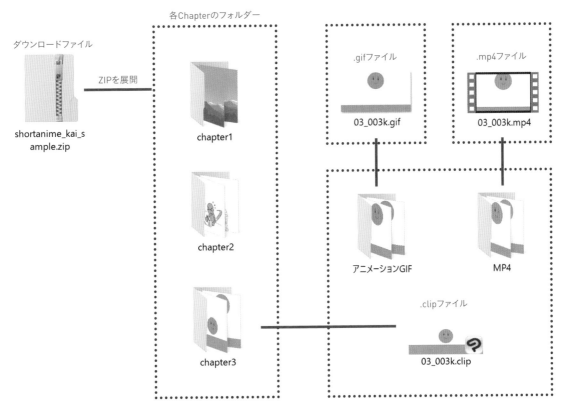

各Chapterのフォルダー

ダウンロードファイル

shortanime_kai_s
ample.zip

ZIPを展開

chapter1

chapter2

chapter3

.gifファイル

03_003k.gif

.mp4ファイル

03_003k.mp4

アニメーションGIF

MP4

.clipファイル

03_003k.clip

・ダウンロードしたZIPファイルを展開すると、Chapterごとのフォルダーが現れます。

・Chapterフォルダーを開くと、そのChapterで使うファイルが格納されています。ファイル形式は、「.clip（CLIP STUDIO FORMAT形式）」「.gif（アニメーションGIF形式）」「.mp4（MP4形式）」がそれぞれ用意されています。

・Chapter4には「作画工程を記録したタイムラプス」と「テクスチャ素材」のファイルも用意されています。

・本書中の見出しに、利用するフォルダーとファイル名が記載されています。

・内容によっては、ファイルがないところもあります。

・Chapter5にはファイルがありません。

ダウンロードファイルの使い方

A .clip（CLIP STUDIO FORMAT形式）ファイル
CLIP STUDIO PAINT（PRO／EX）でご利用ください。

B .gif（アニメーションGIF形式）ファイル
「フォト（Microsoft Windows 10）」などの画像ビューアーでご利用ください。なお、お使いのビューアーによってはアニメーションの動きを確認できない場合があります。そのような場合は、Webブラウザ（Microsoft EdgeやGoogle Chrome、Safariなど）でファイルを開いてご利用ください。

C .mp4（MP4形式）ファイル
Windows Media PlayerやQuickTimeなどのメディアプレーヤーでご利用ください。なお、PCの環境によっては、インストールされているコーデックの関係でご利用いただけない場合があります。

D タイムラプスファイル
「タイムラプス機能（p.201）」で作画工程を記録したMP4形式のファイルです。Chapter4にのみあります。

E テクスチャ素材ファイル
作例で質感を加えるために使用（p.205）したTIFF形式のファイルです。Chapter4にのみあります。

目次

Chapter 1 ｜ CLIP STUDIO PAINT のアニメーション機能　11

CLIP STUDIO PAINT のアニメーション機能

アニメーション表現の基本を学ぶ前に、本書の画材となる「CLIP STUDIO PAINT」の機能を知りましょう。CLIP STUDIO PAINT でのアニメーション制作は、「タイムライン（時間軸）に描いた絵を並べ、切り替える」ことで行います。この仕組みを理解し、アニメーション機能を自由自在に使いこなしましょう。

1 | CLIP STUDIO PAINTの概要

CLIP STUDIO PAINTは、イラストやマンガ、そしてアニメーション制作もできる高機能のペイントソフトです。ここでは、「PRO」「EX」のグレードごとの違い、そして基本的な操作方法について解説します。

1 CLIP STUDIO PAINTについて

「CLIP STUDIO PAINT」は、筆者がリリース後すぐに使いはじめたペイントソフトです。イラストやマンガを制作するうえで役立つ機能が満載されているのはもちろんのこと、使い込むほどに、ペンの描き味など使い手の要求にハイレベルで応えてくれる非常に完成度が高いソフトウェアだと感じています。

さらに「タイムライン」機能がついた際には、使わない手はあるまいと、さっそくβ版を導入しました。

ソフトの前提があくまで「静止画を描くため」のペイントソフトであり、「絵を動かす」「描いた絵が動く」という根源的な感覚でアニメーションを制作できるのが特徴です。

独特のタイムラインの概念も「1枚1枚絵を描いて、タイムライン（時間軸）上に並べることで動いて見える」というと、わかりやすいのではないでしょうか。これから「アニメーション」をはじめるという方には、イラストの延長で触れることができるうってつけのソフトです。

「PRO」と「EX」のアニメーション機能の違い

CLIP STUDIO PAINTにはいくつかのグレードがあり、一般的に利用できるものとしては、「PRO」と「EX」があります。グレードごとのアニメーション機能に関しては、大きく下記4点の違いがあります。EXのほうがより高機能です。

- 「PRO」では、24フレーム（1秒8フレームのアニメーションであれば3秒）[※1]までの「ショートアニメーション」や「うごくイラスト(p.35)」を制作できる。「EX」では、PROの24フレーム制限はなく、本格的なカットからショートアニメーションなど幅広い制作をカバーできる[※2]。
- 「EX」では、「作品情報(p.35)」を設定できる。
- 「EX」では、「アニメーションセル出力(p.58)」機能を実行できる。
- 「EX」では、「タイムシート情報(p.60)」機能を実行できる。

	PRO	EX
フレーム制限	24フレーム[※1]	制限なし[※2]
作品情報の設定	×	○
アニメーションセル出力	×	○
タイムシート出力	×	○

POINT

CLIP STUDIO PAINTは、「PRO」「EX」のグレードともに株式会社セルシスのWebサイトより製品体験版をダウンロードできます。詳細は、株式会社セルシスの下記Webサイトをご覧ください。

CLIP STUDIO PAINT公式Webサイト
http://www.clipstudio.net

POINT

「PRO」「EX」のほか、アライアンスモデル[※3]として「DEBUT」のグレードがあります。こちらは「PRO」での制限に加えて、「テンプレート機能(p.70)」が利用ができません。

※3 ソフトウェア単体での販売は行わず、特定の条件を満たすことで入手可能

24フレーム以上のアニメーションファイルを開く

本書の作例ファイルは「24フレーム以内」で制作したショートアニメーションがほとんどですが、一部「24フレーム以上」のものも含まれています。

そういった24フレーム以上で制作されたアニメーションファイルを開いた場合の「PRO」と「EX」での違いを解説します。

▶ 「PRO」で24フレーム以上のアニメーションファイルを開いた場合

「PRO」で24フレーム以上のアニメーションファイルを開くと、「読み取り専用ファイル」となります。レイヤーパレットのアニメーションセル(p.19)、タイムラインパレットのトラック(p.24)が赤字で表示され、編集ができません。

しかし、アニメーションの再生による動きの確認はできるので、描く際の参考には利用できます。

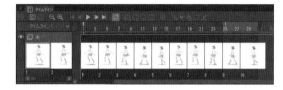
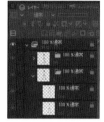

▶ 「EX」で24フレーム以上のアニメーションファイルを開いた場合

「EX」の場合は、絵やタイムラインの編集が行えます。レイヤーパレットのアニメーションセルやタイムラインパレットのトラックが黒字で表示され、これは何も制限がかかっていないことを表しています。

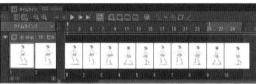
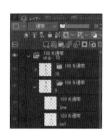

POINT

「PRO」で24フレーム以上のアニメーションファイルを開こうとすると、右図のような注意書きが表示されます。「OK」ボタンをクリックするとファイルが開きます。

Column

ペイントソフトは画材

ペイントソフトは一種の画材なので、最終的には自分に合ったもの、表現したいものやプロジェクトの規模に合ったものを選ぶのがよいでしょう。

また、可能な限り多くのソフトに触ってみることをオススメします。さまざまなソフトを使った経験があると、あらたなソフトに触れたときの参入障壁が小さくて済むというメリットがあります。

使えるソフト(画材)が増えると、それだけ表現の幅が広がっていくことでしょう。

そして、ソフトが使えるようになったとき「何を表現するのか」といったところにぶつかります。逆に、アニメーションが制作したいけどソフトの使い方がわからない、といった方もいるかもしれません。

そこが、本書が「アニメーション表現の入門書」であり、かつ「CLIP STUDIO PAINTの解説書」であるところの真意でもあります。本書は「CLIP STUDIO PAINTで制作したアニメーションの解説書」といった側面がありますが、「CLIP STUDIP PAINTの使い方」と「アニメーションの表現方法」のそれぞれを習得することで、「CLIP STUDIO PAINTでアニメーションに限らずイラストを描く」ことも「CLIP STUDIO PAINTとは異なるソフトでアニメーションを制作する」ことが可能になっているはずです。

2 基本的な操作方法

下図は「EX」の画面です。

A メニューバー

各種メニューから選択することで、さまざまな機能を実行できる。[アニメーション]メニューには、アニメーションに関する機能がまとめられている。

B ツール系パレット

絵を描くためのさまざまなツールが用意されている。基本的に、「ツールパレット」→「サブツールパレット」で使いたいツールを選択し、「ツールプロパティパレット」や「ブラシサイズパレット」などで設定を調整して描く。

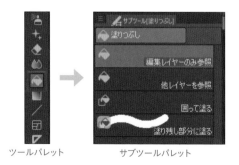

ツールパレット　　　　サブツールパレット

C カラー系パレット

色を選択するためのパレット。「カラーサークルパレット」や「カラーセットパレット」などがある。パレットの変更は、パレット上部のタブをクリックするか、[ウィンドウ]メニューから選択することでできる。

アニメーション制作では、必然的に何枚も同じような絵を描くことになるので、「カラーセットパレット」に使う色を登録しておくと便利。

カラーサークルパレット

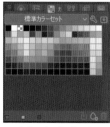
カラーセットパレット

D キャンバス

ここに絵を描く。アニメーションのプレビュー再生時もここに表示される。

E タイムラインパレット

アニメーション制作において重要な役割を担うパレット。詳細は、p.16参照のこと。

なお、初期画面ではパレットが隠れているので、画面下部のボタンをクリックするか、[ウィンドウ]メニュー→[タイムライン]を選択して表示させる。

F レイヤーパレット

レイヤーを管理するためのパレット。タイムラインパレットと同様に、アニメーション制作において重要なパレットとなる。

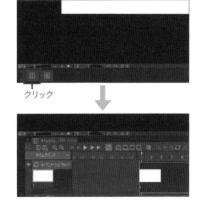

クリック

POINT
> 表示されていないパレットは、[ウィンドウ]メニューから表示させることができます。

アニメーションフォルダーとアニメーションセル

CLIP STUDIO PAINTでのアニメーション制作では、まずレイヤーパレットに「アニメーションフォルダー」を作成し、この中に格納したレイヤー、もしくはレイヤーフォルダーを「1枚の絵」として認識させます。たとえば、レイヤーフォルダー内に「line（線画）」「col（色塗り）」とレイヤーを分けて重ね合わせることで、「1枚の絵」とします。

この絵を何枚も描き、タイムラインパレットで切り替えていくことで、動きのある絵にしていきます。

なお、アニメーションフォルダー内に格納されて1枚の絵として認識されたレイヤーやレイヤーフォルダーを便宜上「アニメーションセル」と呼称しますが、通常のレイヤーとの違いはありません。

1枚絵の枚数

アニメーションセル

アニメーションフォルダー

POINT
> アニメーションフォルダーの横に表示されている「:数字」は、格納されている「1枚の絵」の枚数を表しています。

デジタルでもセル画で考える

古くからアニメーション制作現場では、線画、色塗り、背景などを「セル」と呼ばれる透明なシートに分けて描き、重ね合わせることで「1枚の絵」とする「セル画」の手法を採用してきました。人物などの動くものや上に重なる美術（Book）、背景（BG）を重ね合わせて「セル画」とし、これを1枚ずつ撮影することでアニメーションを制作していきます。

デジタルアニメが主流となった昨今でも、基本的にこの手法に変わりありません。図はアナログでのイメージですが、デジタル上でも同様の考え方で合成しています。

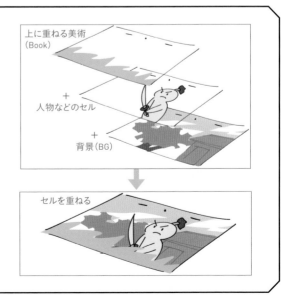

上に重ねる美術
（Book）

＋

人物などのセル

＋

背景（BG）

セルを重ねる

3 デジタルで描くにあたり、知っておくと便利なこと

アニメーションフォルダーとアニメーションセル

CLIP STUDIO PAINTなどのデジタルペイントソフトで絵を描くときには、「レイヤー」というものを使います。レイヤーとは透明なフィルムのようなもので、線も色も、すべてこの透明な「レイヤー」に描きます。

どのレイヤーに絵を描くかは、「レイヤーパレット(p.19)」で選択します。レイヤーを選択した状態でキャンバス(p.18)をなぞると、そのレイヤーに絵が描かれます。

アニメーション制作では、「レイヤー1を1コマ目のアニメーションセル(以降:セル)」「レイヤー2を2コマ目のセル」といったようにレイヤーを分けて作業をしていくことになります。このレイヤー(セル)は、「アニメーションフォルダー」に格納されています。

レイヤー1を選択してキャンバスに描く。これが1コマ目のセル

レイヤー2を選択してキャンバスに描く。これが2コマ目のセル
前のコマの絵はオニオンスキン(p.49)として表示されている

新規レイヤー作成後のセル指定の必要性

アニメーション制作時に、[レイヤー]メニュー→[新規ラスターレイヤー](もしくは、レイヤーパレットの「新規ラスターレイヤー」ボタン)で新規のセルを作成しただけでは、そのセルへの描画が行えません。

この場合、作成したセルがアニメーションフォルダー(p.19)内に入っていることを確認し、かつタイムラインパレット(p.24)で「セル指定」を行う必要があります。

ここで紹介するのは、セル指定の例です。詳しくは、p.28も併せて参照してください。

新規セルを作成しただけでは、キャンバスに🚫マークが表示されて描画できない。

新規セルを作成

POINT

はじめからアニメーションフォルダーとタイムラインの用意されている「アニメーション用キャンバス」の作成方法は、p.36を参照してください。また、アニメーション用以外のキャンバスで作業しているときにアニメーションを作りたくなったら、アニメーションフォルダーの作成(p.26)と、[アニメーション]メニュー→[タイムライン]→[新規タイムライン](もしくは、タイムラインパレットの「新規タイムライン」ボタン)でタイムラインを作成する必要があります。

A 作成したセルがアニメーションフォルダー内に入っていることを確認したら、タイムラインパレットのアニメーションフォルダーの行の上で、そのセルを表示したいフレームの位置を右クリックし、作成したセル名を選択して「セル指定」します。iPadやiPhone版の場合は右クリックが使えないので、p.28の方法で行います。

B タイムライン上に、選択したセルが指定されます。

作成したセルを選択
選択したセルが指定される

C セル指定を行えば、作成したレイヤーに
描画ができるようになります。

P O I N T

[アニメーション]メニュー→[新規アニメーショ
ンセル](もしくは、タイムラインパレットの[新規アニ
メーションセル]ボタン)を実行した場合は、セル
の作成とタイムラインへのセル指定が同時に行
われます。詳しくは、p.27を参照してください。

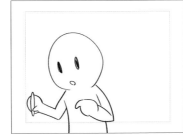

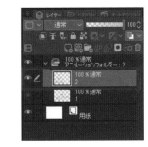

作成したレイヤーに描画ができる

便利なペンの筆圧設定

CLIP STUDIO PAINTには、タブレットを使用する場合の筆圧
を検知して調整する機能があります。自分に合った描き心地
にできる機能なので、はじめに設定することをオススメします。

A [ファイル]メニュー→[筆圧検知レベルの調節]を選択しま
す。「筆圧の自動調整」ダイアログが表示されます。キャンバス
に普段と同じ筆圧で、意識的に強弱のついた線を描きます。

B 「調整結果を確認」をクリックし、キャ
ンバスに試し描きをします。描き心地に
応じて「もっと硬く」や「もっと柔らかく」
をクリックしてさらに細かく調整します。
納得のいく描き心地になったら「完了」
をクリックします。

キャンバスに普段と同じ筆圧で描く

調整できたら「完了」をクリック

Column

ペンやブラシ設定のポイント

CLIP STUDIO PAINTを使いはじめたばかりの初心者
向けに、ペンやブラシの設定の基本操作を以下のサイ
トで紹介しています。ぜひ参考にしてみてください。

・思い通りの線を描くためのペン・ブラシの調整
https://tips.clip-studio.com/ja-
jp/articles/1254
ペンや鉛筆などの「タッチ」によっ
て線の太さや濃さが変化するツー
ルは、ツールプロパティパレットの
「影響元設定」で好みのタッチに
調整できます。

クリック

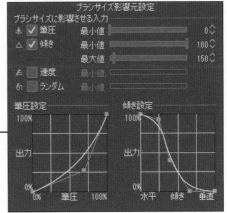

アニメーション機能をはじめて使ったときに陥りがちなこと

ここでは、CLIP STUDIO PAINTのアニメーション機能をはじめて使ったときによく陥りがちなことについて解説します。

①タイムラインにアニメーションフォルダーなどが反映されない問題（新規ファイル作成時の注意点）

アニメーション機能をはじめて使ったときに最もよく陥りがちなことが下記の点です。

- 新規キャンバスを作成して、「新規アニメーションフォルダー」を作成したのに、「タイムラインパレット」に何も表示されない。
- 「新規アニメーションセル」を作成したけれど、「タイムラインパレット」に何も表示されない。

アニメーションフォルダーを作成

アニメーションセルを作成

タイムラインパレットに何も表示されない

これは、新規キャンバスの作成時に作品の用途を「イラスト」や「コミック」で作成したためと考えられます。これらは「タイムライン」という時間軸の概念がないため、「うごくイラストを作る」にチェックを入れる（p.35）か、作品の用途を「アニメーション」（p.34）にして新規キャンバスを作成しましょう。

作品の用途を「アニメーション」にする

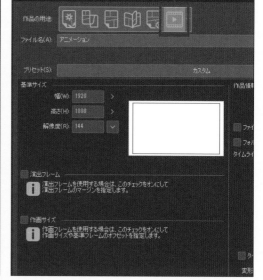

「うごくイラストを作る」にチェックを入れる

タイムラインの概念がないキャンバスを作成したあとでも、[アニメーション]メニュー[タイムライン]→[新規タイムライン]（p.63）で時間軸の概念を追加することも可能です。

タイムライン(M)	▶	タイムラインを有効化(T)
アニメーションセル表示(O)	▶	新規タイムライン(N)...
ライトテーブル(B)	▶	前のタイムラインへ(P)
2Dカメラの枠を表示		次のタイムラインへ(E)

②新規アニメーションセル（新規レイヤー）を作成しても描けない問題

アニメーションフォルダー内にアニメーションセルを作成したのに絵を描けない場合がありますが、「セル指定」を行っていないことが考えられます。これについては、p.20で詳しく解説しています。

③アニメーションフォルダー内でコピー&ペーストを行ったときの問題

レイヤーの内容を一部選択してからコピー（カット）&ペーストしたときに、どこにいってしまったのかわからないという質問が多く寄せられます。

選択範囲を作成してから、カット&ペースト

ペーストしたのにキャンバスに表示されない

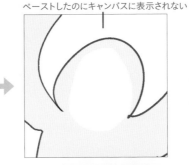

レイヤーパレット上ではきちんとペーストされている

これは、アニメーションフォルダー内に複製などで追加されたレイヤーもタイムライン上で「セル指定」しないとキャンバスに表示されないために起きる問題です。新規アニメーションセルと同様に「セル指定」を行う必要があります。

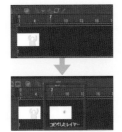

セル指定

セル指定を行うと、キャンバスに表示されるようになる

また、コピー（カット）元のレイヤーの上に重ねてペーストしたい場合もあると思います。そのような場合は、「フォルダーを作成してレイヤーを挿入」の機能を使用します。この機能については、p.65の解説を参照してください。

Column

筆者の推奨する環境設定

アニメーション制作を行う際に筆者が設定しているCLIP STUDIO PAINTの環境をPIXIV FANBOXに掲載しています。ぜひ参考にしてみてください。

・筆者のPIXIV FANBOX
https://yotube.fanbox.cc/

・CLIPSTUDIOPAINT_
　個人的推奨環境設定
https://yotube.fanbox.cc/
posts/1883570

2 | タイムラインパレットの基本

CLIP STUDIO PAINTでのアニメーション制作の軸となる、タイムラインパレットについて解説していきます。

1 タイムラインパレットの概要

タイムラインパレットは、どのタイミングでどのアニメーションセル(以降:セル)、つまり絵を表示させるのか、重ね合わせるのかといった「アニメーション(絵が動いているように見えること)」をコントロールするためのパレットです。デフォルトではキャンバスの真下にあります。

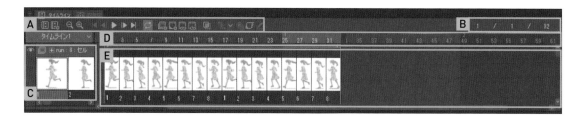

A タイムラインパレットで行える操作

各種操作がまとめられている。詳細は次ページ参照のこと。

B 現在のフレーム／開始フレーム／終了フレーム

各種操作がまとめられている。詳細は次ページ参照のこと。

C トラック

トラック名が表示される。トラックはレイヤーパレットと連動しており、作成したアニメーションフォルダーやセル(レイヤー)ごとにトラックが作成される。各トラックのタイムラインを操作して、アニメーションを作成していく。

D フレーム数(フレーム表示)

フレーム数が目盛りと数字で表示される。なお、設定した「fps(p.81)」によって、1秒ごとにバックの色が変わる。たとえば、24fpsであれば、24フレームごとに色が変わるため、ひと目で1秒間がわかる。

E タイムライン(時間軸)

絵の表示、重ね合わせが、どのフレームで切り替わるタイミングなのかがひと目でわかる。
タイムライン上の表示したいフレームにセルを指定する。

F フレーム

タイムラインは、1フレーム(コマ)ごとに区切られている。

G 開始フレーム／終了フレーム

アニメーションの開始位置(左側の青い四角)と終了位置(右側の青い四角)。左右にドラッグすることで位置を変更できる。

タイムラインパレットで行える操作

パレット上部に各種操作がまとめられています。

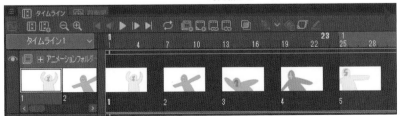

H I J K L M N O P Q R

H ファンクションカーブ編集モード

 ファンクションカーブ編集モード(p.52)に切り替える。

I タイムライン編集

 「タイムライン編集」ツール(p.48)を選択する。

J 新規タイムライン

 キャンバスに新規タイムライン(p.63)を作成する。

K ズームアウト／ズームイン

 タイムラインのフレームを縮小表示する。

 タイムラインのフレームを拡大表示する。

L アニメーションの再生とフレームの移動

 最初／最後のフレームへ移動する。

 前／後のフレームへ移動する。

 キャンバス上で、アニメーションのプレビューを再生／停止する。

M ループ再生

 プレビューのループ再生を有効／無効化する。

N 「新規アニメーションフォルダー」の作成

 選択中のトラックの上に、アニメーションフォルダー(トラック)を新規作成する。

※詳細は、p.26参照のこと

O 「新規アニメーションセル」の作成

 セルを新規作成する。　※詳細は、p.27参照のこと

P セルを指定／セル指定の削除

 選択したフレームをセルに指定する。

※詳細は、p.28参照のこと

 セルの指定を削除する。　※詳細は、p.31参照のこと

Q オニオンスキンを有効化／無効化

 オニオンスキンの表示を有効／無効化する。

※詳細は、p.49参照のこと

R キーフレームに関する操作

 キーフレームに関する操作。

※詳細は、p.50参照のこと

> **POINT**
> タイムラインパレット右上のメニュー表示 ☰ からも、タイムラインに関する各種操作や設定を実行できます。
>
>

タイムラインの流れ方

CLIP STUDIO PAINTでは、アニメーションフォルダー内にある絵(セル)をタイムライン上に指定し、任意のフレームの間表示→指定したタイミングで別の絵に切り替え、とすることでアニメーションさせます。
このタイムラインパレットの時間軸は、左から右へと進んでいきます。

時間軸は左から右

> **POINT**
> タイムラインパレットは、「アニメーション用キャンバス」を作成することで使用できます(p.34)。

2 タイムラインパレットの基本操作

ここでは、アニメーション制作における基礎の基礎となるタイムラインパレットの操作を解説します。

タイムラインパレットとレイヤーパレットの連動

タイムラインパレットのトラック（p.24）とレイヤーパレットの「アニメーションフォルダー」「アニメーションセル（以降：セル）」（p.19）の表示は連動しています。

さらに、アニメーションフォルダー内のセル名と、タイムライン上に打ち込まれた名称が連動します。アニメーションフォルダー内にあるセルをタイムライン上に指定することで、任意のフレーム数の間、絵を表示できます。タイムライン上で指定したタイミングで絵が切り替わることで、「アニメーション」となります。

下図では、アニメーションフォルダー内にある1～6のセルを6フレームごとに切り替えています。

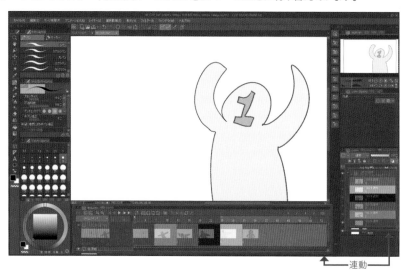

連動

「新規アニメーションフォルダー」の作成

CLIP STUDIO PAINTでは、アニメーションフォルダーなくしてアニメーションの制作はできません。

アニメーションフォルダーの作成は、[アニメーション]メニュー→[アニメーション用新規レイヤー]→[アニメーションフォルダー]（もしくは、タイムラインパレットの「新規アニメーションフォルダー■」ボタンをクリック）で行います。

前述のとおり、タイムラインパレットとレイヤーパレットは連動しているので、アニメーションフォルダーを作成すると、どちらのパレットにも作成されます。また、アニメーションフォルダーの名称を変えるなどの変更を加えると、どちらのパレットにも反映されます。

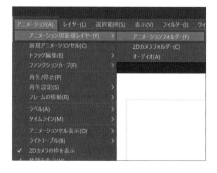

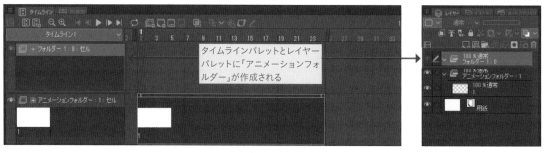

タイムラインパレットとレイヤーパレットに「アニメーションフォルダー」が作成される

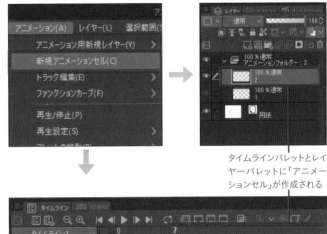

「新規アニメーションセル」の作成

前述のとおり、CLIP STUDIO PAINTでは、ア
ニメーションフォルダー内にセルを作成し、
そこに描かれた絵をタイムラインパレットで
切り替えることでアニメーションさせます。
セルの作成は、タイムライン上のセルを表示
したいフレームを選択し、[アニメーション]
メニュー→[新規アニメーションセル](もしく
は、タイムラインパレットの「新規アニメーションセル
」ボタンをクリック)で行います。
セルも、タイムラインパレットとレイヤーパレッ
トのどちらにも作成されます。
新規アニメーションフォルダーと同様にセル
の名称は「1, 2, 3, 4, ……」「A, B, C, D, ……」
「レイヤー1, レイヤー2, レイヤー3, レイヤー
4, ……」といったように、昇順で自動命名さ
れます。

タイムラインパレットとレイ
ヤーパレットに「アニメー
ションセル」が作成される

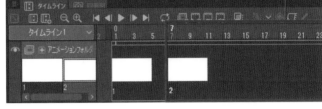

> **POINT**
> 新規アニメーションセルの作成を連続で行うと、1つ前と同
> じフレーム数の等間隔でセルが作成されます。
>
>

> **POINT**
> 右図のように、選択しているフレームとその次のフレームに
> すでにセルが指定されている場合、新規アニメーションセル
> の作成ができないので注意しましょう。
>
>

絵を表示するタイミングの変更(セルの移動)

タイムライン上のセルをドラッグすることで、絵を
表示するタイミングを変更するなどの調整ができ
ます。これにより、絵によって表示するフレーム数
を変えて動きに緩急をつけたり、タイミングを入
れ替えたりといったことができます。

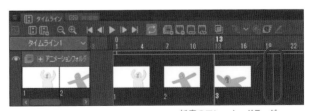

任意のフレームへドラッグ

> **POINT**
> 「セル指定(p.28)」を活用することで、同じ絵を別のタ
> イミングで表示したり、繰り返しの動きをつけたり、と
> いったこともできます。

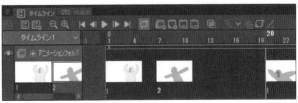

ドロップしたところにセルが移動し、
表示されるタイミングが変わる

3 セルの操作

タイムライン上のアニメーションセル（以降：セル）を操作する機能です。[アニメーション]メニュー→[トラック編集]から実行できます。

既存のセルを任意のフレームに指定したり、タイムライン上から削除、コピーするなどの機能があります。それ以外に、セルの名称を規則的に命名し直す機能もあります。

セルを指定

既存のセルを、タイムライン上で選択しているフレームの位置に指定します。
ここでは例として、A、B のように、すでにセルが4枚ある場合での「セルを指定」を解説します。

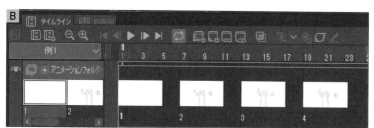

1 セルを表示したいタイミングを決める

タイムラインパレットで、セルを指定したいトラック内のフレームを選択します。

3 指定したいセルを選択する

「レイヤー選択」ダイアログが表示されるので、指定したいセルを選択します。もしくは、レイヤー名を直接入力して、「OK」ボタンをクリックします。

2 機能をメニューから選択する

[アニメーション]メニュー→[トラック編集]→[セルを指定]を選択します。

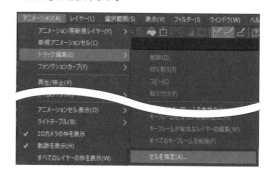

4 セルが指定される

タイムライン上に、選択したセルが指定されました。

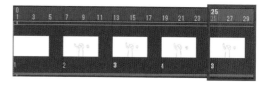

POINT

「セルを指定」は、次の2つの方法でも実行できます。

右クリック

タイムライン上の任意のフレームを右クリックするとポップアップメニューが表示されるので、指定したいセルを選択します。

タイムラインパレットの「セルを指定」ボタンをクリックすると「レイヤー選択」ダイアログが表示されるので、指定したいセルを選択します。

セルを一括指定

タイムライン上で選択したフレームの位置から「繰り返し」などの規則性のあるセルの指定を一括して行うことができます。
[アニメーション]メニュー→[トラック編集]→[セルを一括指定]を選択すると、「セルを一括指定」ダイアログが表示されるので、そこで指定方法を設定します。

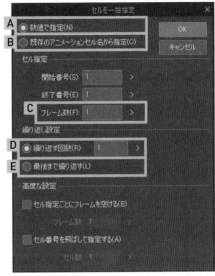

A 数値で指定

「1, 2, 3, 4, 5, ……」といった数値で、「開始番号（開始するセル名）」と「終了番号（終了するセル名）」を入力できる。

B 既存のアニメーションセル名から指定

アニメーションフォルダー内のレイヤー名から、「開始セル」と「終了セル」を選択できる。

C フレーム数

それぞれのセルを何フレームずつ指定するかを入力できる。

D 繰り返す回数

セルの指定を繰り返す回数を入力できる。

E 最後まで繰り返す

選択しているフレームからタイムラインの最後まで、セルの指定を繰り返す。

※ A か B のチェックを入れたほうによって「セル指定」の項目の表示が変わります

▶ 手を振るアニメーションを1フレーム目から最後まで繰り返す

ここでは例として、セル[1]〜[4]のような手を振る動きを、「1枚6フレームずつ」「最後まで」繰り返してみます。

アニメーションセル[1]

アニメーションセル[2]

アニメーションセル[3]

アニメーションセル[4]

1 繰り返しの設定をする

[アニメーション]メニュー→[トラック編集]→[セルを一括指定]を選択すると、「セルを一括指定」ダイアログが表示されるので、下図のように設定します。

2 指定を最後まで繰り返す

設定に従い、[1]〜[4]のセルの指定がタイムラインの最後まで繰り返されました。

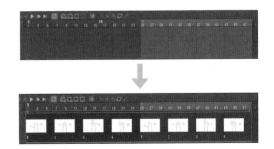

セルを一括指定（セル名が数値でない場合）

A のようにセル名は数値でない場合があります（読み込んだ画像ファイル名が数字でないなど）。

B そういった数値以外の場合の一括指定は、「既存のアニメーションセル名から指定」にチェックを入れることで、「開始セル」「終了セル」のプルダウンメニューから選択できるようになります。

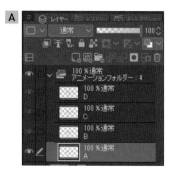

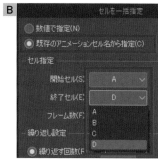

▶ 手を振るアニメーションを1フレーム目から2回繰り返す

ここでは、p.29と同様の手を振る動きで、セル名が数値ではなく固有のもの（ここでは、[A]～[D]）をつけている場合の指定方法を見ていきます。今回は、「4フレームずつ」「2回」繰り返してみます。

1 繰り返しの設定をする

「セルを一括指定」ダイアログで、「既存のアニメーションセル名から指定」を選択し、「セル指定」と「繰り返し設定」を下図のように設定します。

2 指定を2回繰り返す

設定に従い、[A]～[D]のセルの指定が2回繰り返されました。

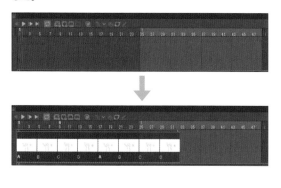

Column

「セルを一括指定」ダイアログの「高度な設定」

「高度な設定」の「セル指定ごとにフレームを空ける」は、セルとセルの間に入力したフレーム数だけ空白部分を作成します。たとえば、「A, B, C, D」のセルを一括指定し、「フレーム数」に「1」と入力すれば、AとB、BとC、CとD、DとAの間に1フレーム空白ができます。

「セル番号を飛ばして指定する」は、セル数に入力した数だけセルを飛ばして指定します。たとえば、「セル数」に1と入力すれば、Aの次にくるBが飛ばされてCが指定され、Cの次にくるDが飛ばされてAが指定されます。

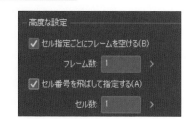

指定したセルの削除・切り取り・コピー・貼り付け

単純な繰り返しであれば「セルを一括指定」が有効ですが、タイムライン上のセルの一部を増やしたい場合や複数のトラックで同じタイミングで動く場合などに、「コピー」「貼り付け」などの機能はとても便利です。

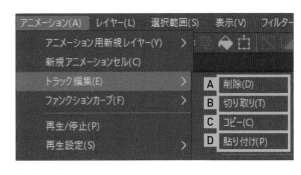

A 削除

タイムライン上で選択したセルの指定を削除する。なお、タイムライン上から、セルの指定が削除されても、レイヤーパレットにセルは残る。

B 切り取り

タイムライン上で選択したセルの指定を切り取る(コピーして削除する)。

C コピー

タイムライン上で選択したセルの指定をコピーする。

D 貼り付け

「切り取り」や「コピー」したものを、タイムライン上で選択したフレームの位置に貼り付ける。

コピー元と同じアニメーションフォルダーに貼り付ける場合は、同じセルが指定される。

コピー元と異なるアニメーションフォルダーに貼り付ける場合は、貼り付け先のアニメーションフォルダーにある同じ名称のセルが指定される。同じ名称のセルがない場合は、タイミングのみが貼り付けられる。

レイヤー単体などの種類の異なるトラックには貼り付けできない。

> **POINT**
> タイムラインパレット上でも下記の操作ができます。
> コピー…任意のセルを選択し、[Alt]キー+ドラッグ

> **POINT**
> 通常の「切り取り」「コピー」「貼り付け」と名称が同じ点に注意しましょう。普段の感覚で「[Ctrl]+[X]キー(切り取り)」や「[Ctrl]+[V]キー(貼り付け)」などの操作をしてしまうと、タイムラインではなく、描かれている絵そのものをいじってしまうことになるので注意が必要です。
> ほかのショートカットを割り振るなどして使い分けることをオススメします。
> ※ショートカットの設定に関してはp.76参照のこと
>
>
> | | |
> |---|---|
> | 削除(D) | F7 |
> | 切り取り(T) | Ctrl+Shift+X |
> | コピー(C) | Ctrl+Shift+C |
> | 貼り付け(P) | Ctrl+Shift+V |
>
> 筆者のショートカット設定

Column

タイムライン上でのセルの選択

タイムライン上でのセルの選択は、各トラックのセルの開始位置をクリックすることでできます。選択されたセルは、左側に赤いラインが入り、セル名が太字になります。

タイムライン上をドラッグすることで複数セルを選択することもできます。

また、「[Ctrl]キー+クリック」でも複数セルを選択できます。

選択したセルは左側に赤いラインが入り、セル名が太字になる

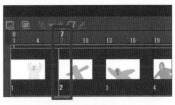

複数のセルが選択される

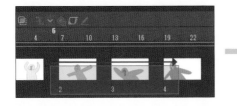

正規化

セルにつける名称に明確な決まりはありませんが、アニメーション制作の場合は似たような絵の枚数がどうしても多くなるため、適当な名称が散乱するのは好ましくありません。

また、セルとセルの間に新規セルを作成すると、「2a, 2b」、場合によっては「レイヤー1」などといったような名称のセルが作成され、アニメーションフォルダー内のセル名がバラバラになってしまうこともあります。そこで便利なのが「正規化」の機能です。選択したアニメーションフォルダー内のセルの名称を「1, 2, 3, 4, 5, ……」と連番の数値に自動でリネームすることができます。方法として2種類あります。

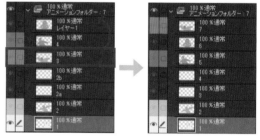

▶ タイムラインの順番で正規化

タイムライン上に登場する順番でセルの名称を正規化します。同時に、アニメーションフォルダー内のセルの順番も並べ替えられます。タイムラインの見た目はシンプルになるので見やすいですが、セルの順番が変わることで混乱を招く場合もあります。

リネームして、並び替える

▶ レイヤーの順番で正規化

アニメーションフォルダーの下から順番にセルの名称を正規化します。レイヤーパレット上のセルの順番は変わらずに正規化されます。

POINT

「レイヤーの順番で正規化」は、アニメの現場における動画時に記入しなおす「タイムシート(p.86)」の考え方に近いものです。

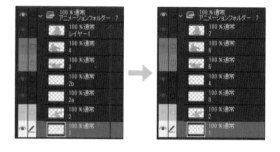

Column

「正規化」とアニメの業界慣習

「タイムラインの順番で正規化」をすると混乱を招く場合があるとしました。これは日本のアニメ業界の標準的な慣習とも関わってくるので、簡単に捕足します。

たとえば、3枚の口パク(p.111)のアニメーションを制作する際、数字の大きいセルが「開き口」、小さいセルが「閉じ口」という慣習があります。これは、タイムライン上で「開き口」からスタートする場合でも基本的に同様です。つまり、このような状態で「タイムラインの順番で正規化」した場合、この慣習よる名称が逆転してしまったり、口パクのセルの並びが変わってしまうなどしてしまい、後から見たときに、とくに口パクの慣習に慣れている人は混乱してしまうのです。

こういった例も踏まえたうえで、正規化についてどちらを選択するのか、チームで制作する際などは、とくに統一しておいたほうがよいでしょう。

4 レイヤーフォルダーをアニメーションセルにする

アニメーションフォルダーの中に、さらに通常のレイヤーフォルダーを作成することができます。作成したレイヤーフォルダーは、レイヤーフォルダー全体で「1枚の絵」として扱われます。つまり、タイムライン上にレイヤーフォルダーをセル指定することで、1枚のアニメーションセル（以降：セル）として指定することができるのです。

たとえば、「5」というレイヤーフォルダーを作成し、その中にレイヤーを何枚作成しようとも、レイヤーフォルダー名「5」という1枚のセルとしてタイムライン上では認識されます。

これを利用することで、下書きや線画、色塗りなどのレイヤーをレイヤーフォルダー内で分けて作業するといったことも可能となります。

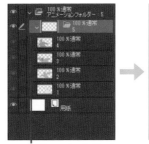

アニメーションフォルダーの中に通常のレイヤーフォルダーを作成できる

フォルダーの中にレイヤーを何枚作成しようとも、1枚のアニメーションセルとして扱われる

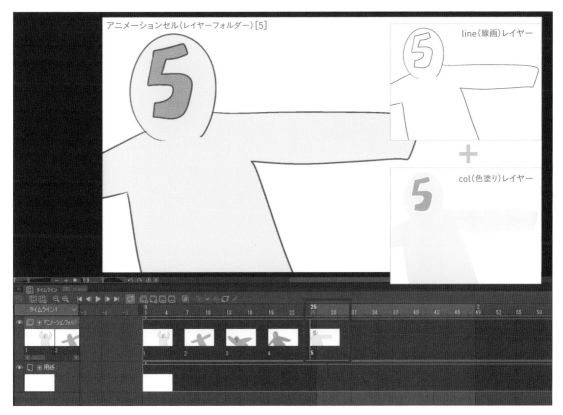

アニメーションセル（レイヤーフォルダー）[5]

line（線画）レイヤー

col（色塗り）レイヤー

タイムライン上に指定された1つ前のセルがレイヤーフォルダーの場合、新規アニメーションセルを作成すると、レイヤーフォルダー構造を引き継いで新規セルが作成されます。

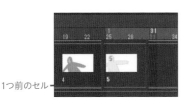

1つ前のセル

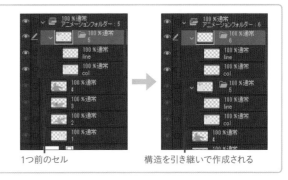

1つ前のセル　　　　　　構造を引き継いで作成される

3 | アニメーション用キャンバスの作成

ここでは、アニメーション用のキャンバスの作成方法を解説します。デフォルトの設定のままでも何も問題はありませんが、細かい設定を知ることで、より快適にアニメーションを制作できるので確認しましょう。

1 「新規」ダイアログの概要

[ファイル]メニュー→[新規]を選択すると、キャンバス作成用の「新規」ダイアログが表示されます。ダイアログで設定を行い、アニメーション用のキャンバスを作成します。

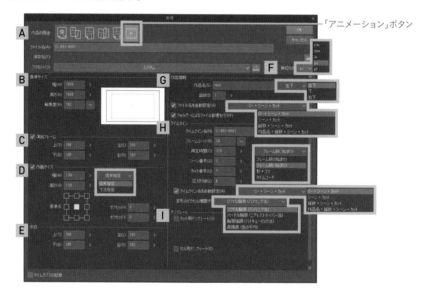

A 作品の用途

「アニメーション」ボタンを選択すると、「タイムラインパレット(p.24)」にタイムラインがはじめから存在するキャンバスを作成できる。

B 基準サイズ

基準となるキャンバスのサイズ。任意のサイズを入力することで、「基準フレーム」を作成できる。

C 演出フレーム

チェックを入れると、基準サイズから上下左右の入力した値分だけ小さいフレーム(枠)を作成できる。安全フレーム(切れては困るこの中におさめたいフレーム)のような使い方ができる。

D 作画サイズ

チェックを入れると、基準サイズより大きなサイズの「作画フレーム」を作成できる。基準サイズからの「倍率指定」もしくは「寸法指定」で設定できる。
おもに、カメラワークのあるアニメーションを作成する際などで設定する。

E 余白

「作画フレーム」に上下左右の入力した値ぶんの余白を加える。「作画フレーム」を作成していない場合は、「基準フレーム」に余白を加える。
なお、レンダリング方法によっては、余白ぶんを含めて出力できない場合もある。

F 単位

「基準サイズ」や「演出フレーム」などの値を入力する際の単位を設定できる。

G 作品情報 EX

「EX」のグレードでのみ設定可。
制作するアニメーションの情報を入力できる。

・作品名／話数

作品名や話数が決まっていれば入力する。

・作品名欄の右横のプルダウン

作品名と話数の表示位置を「左下」「下」「右下」から選択できる。

・ファイル名を自動設定

「作品名」「話数」「シーン番号」「カット番号」を入力したうえでチェックボックスにチェックを入れると、プルダウンから選択した設定でファイル名を自動で作成できる。

・フォルダーによるファイル管理を行う

チェックボックスにチェックを入れると、フォルダーで複数のファイル管理を行える。「ファイル名」欄の下に「保存先」欄が表示されるので、任意の保存先フォルダーを設定する。

ファイル名(A)	C-001-0001
保存先(F)	

H タイムライン

タイムラインの初期設定を行う。

・フレームレート

秒間のフレーム数(fps)を指定できる。

・再生時間

タイムラインの尺を決める。「フレーム数(0始まり)」「フレーム数(1始まり)」「秒+コマ」「タイムコード」のそれぞれをプルダウンから選んで設定できる。「PRO」のグレードでは「24」フレームまで設定可。

・シーン番号／カット番号

シーン番号、カット番号を入力できる。

・区切り線

入力した数値のフレームごとにタイムラインに区切り線が表示される。

・タイムライン名を自動設定

「作品名」「話数」「シーン番号」「カット番号」を入力したうえでチェックボックスにチェックを入れると、プルダウンから選択した設定でタイムライン名を自動で作成できる。

・変形のピクセル補間

変形操作を行ったときの隣接するピクセル間の色を補間する方法を設定できる。

I テンプレート

テンプレート(コマ枠)や自分で作成したフレームを設定できる。読み込み方には「カット用テンプレート」と「セル用テンプレート」があり、読み込めるテンプレートは一緒だが、それぞれの用途で変わってくる。
なお、テンプレートの設定方法は、p.70を参照のこと。

> **Column**
>
> # うごくイラスト
>
> 作品の用途で「イラスト」のボタンを選択し、「うごくイラストを作る」の項目にチェックを入れます。すると、セルの枚数(8、16、24から選択)とフレームレート(6、8、10fpsから選択)だけを設定して新規キャンバスを作成できます。
> 作成されたキャンバスには、設定した枚数分のセルがはじめから用意されており、最低限の設定のアニメーション用キャンバスとなります。

> **Column**
>
> # 後からアニメーション用キャンバスにする
>
> 「イラスト」「コミック」の作品の用途で作成したキャンバスに、後からタイムラインを追加して、アニメーションを制作することもできます。
> タイムラインパレットの「新規タイムライン」ボタンをクリック(もしくは、[アニメーション]メニュー→[タイムライン]→[新規タイムライン]を選択)し、新規アニメーションフォルダーを作成して、その中にセルを作成していけば、アニメーションを制作できます。

2 新規キャンバスの作成

それでは、実際にアニメーション用キャンバスを作成してみます。

CLIP STUDIO PAINT EXで右図のような設定の新規キャンバスを作成します。

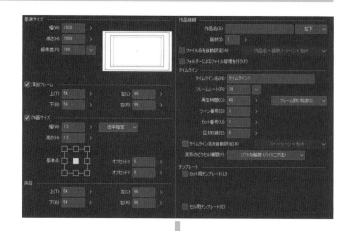

POINT

書き出し(p.56)方法によって、書き出されるキャンバスの範囲が変わってきます。詳細は、p.61のColumnを参照ください。

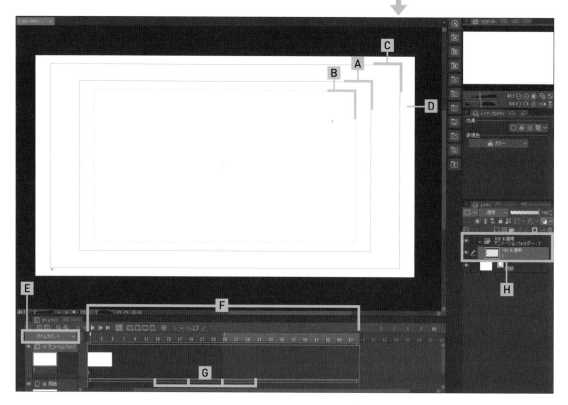

A 基準フレーム

真ん中のフレームが「基準サイズ」の設定で作成された「基準フレーム」となる。ここでは、解像度144dpi、幅1920px、高さ1080pxで作成している。

B 演出フレーム

内側のフレームが「演出フレーム」となる。ここでは、基準サイズから左右96px、上下54pxずつを引いた、幅1728px、高さ972pxとなっている。

C 作画フレーム

一番外側の大きなフレームが「作画サイズ」の設定で作成された「作画フレーム」となる。ここでは、幅2304px、高さ1296pxとなっている。「基準点」がセンター合わせなので、「基準サイズ」を中心に「作画サイズ」が「1.2倍」均等に広がっている。

D 余白

「作画フレーム」より外側の部分が「余白」となる。ここでは、左右96px、上下54pxずつの余白がある。

E タイムライン名

タブに記載されているのが「タイムライン名」となる。1つのキャンバスに複数のタイムラインがある場合、プルダウンで切り替えられる(p.63)。

F 再生時間

タイムラインの長さは、「再生時間」の設定で決まる。ここでは、「48」と入力したので48フレームぶんのタイムラインが作成されている。
なお、単位表記は、右横のプルダウンから設定できる。ここでは、「フレーム数(1始まり)」としている。

G 区切り線

タイムライン上のほかよりやや太い線が「区切り線」となる。ここでは、6フレームごとに等間隔で入っている。

H アニメーションフォルダーとアニメーションセル

新規アニメーションキャンバス作成時には、レイヤーパレットに「アニメーションフォルダー」と「1」という名称の「アニメーションセル」が一緒に作成される。

POINT

「作画フレーム」は、「基準フレーム」を元に拡大作成されます。このときの基点となる位置は「基準点」で設定します。たとえば、左上を選択すると「左上角」を起点として「作画サイズ」が作成されます。

「オフセット」を設定すると、「X軸(横軸)」「Y軸(縦軸)」の基点を任意の数値ぶん移動して設定できます。

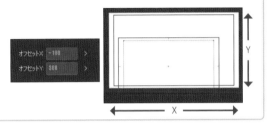

Column

アニメーション制作における一般的な画面サイズ

アニメーション制作では、一般的に解像度は「144dpi」を選択します。
そして、幅や高さといった画面サイズは、映像を公開するメディアによって変わってきます。
現在のテレビ放送やゲーム、インターネット配信などの動画でフルHD画質といわれるサイズが、比率16:9の「1920px×1080px」です。ちなみに「HD」は16:9「1280px×720px」を指します。
今後「4K」「8K」などといったより高画質な映像メディアが普及し、切り替わっていくといわれています。そもそもこのときの「K」とは何かというと、1000の単位を表す「キロ」の意味です。つまり、横の長い辺が約2000pxであるいわゆる「フルHD」と呼ばれるものは「2K」となります。そして、約4000pxとなるサイズが「4K」、約8000pxが「8K」となります。正確なサイズとしては、「4K」の場合、テレビなどの16:9では「3840px×2160px」、映画などの場合は「4096px×2160px」が放送などで使われる一般的なものとなります。「8K」の場合は、16:9で「7680px×4320px」となります。

映像を公開する場所や使用方法によって、画面比率やサイズが異なることもあります。制作がスタートしてから変更するというのは難しく、とくにサイズが上がる場合は、画質の低下にもつながるため避けたい事態です。最初に確認し、チームで制作する際には統一をしっかりしておきましょう。

筆者の個人的なサイズ選びですが、基準フレームに対して演出フレームを1割小さく、作画フレームは1、2割大きくして制作することが多いです。基準フレームの外側はやや大きめにしたほうが、画面外の動きを考慮しやすく、動きが作成しやすいためです。
さらに広い画面で作画をしたいという場合には「余白」を足すとよいでしょう。この場合、余白部分は書き出しのときに表示されないので注意しましょう。

ここでは、「1920px×1080px」の基準フレームに対し、演出フレームが1割小さくなるように上下「54px」、左右「96px」と入力、作画フレームは、幅と高さそれぞれ2割増しとなる「1.2倍」に設定しました。

4 | アニメーション制作時に 必須の補助機能

アニメーション制作では前後の動きをきちんと確認しながら描くことが重要となります。そんなときに便利なのが、ライトテーブル、オニオンスキンの機能です。キーフレームやカメラワークをつけるための2Dカメラフォルダー機能も便利です。

1 ライトテーブル機能

現在編集しているアニメーションセル（以降：セル）の下に、別のセルを敷いて作画の参考にできる機能です。敷いたセルは、不透明度を下げて薄くしたり、色を変更したり、移動、拡大、縮小、回転などができるので、似たような絵を何枚も描かなければならないアニメーション制作において非常に便利な機能となっています。

ライトテーブル機能で表示させた1つ前のセル

POINT

アナログでの作業を経験したことがある方であればわかると思いますが、下描きや原画を作業中の紙の下に敷き、それを下から光で照らすことで透かして作画するための道具として、「ライトテーブル（トレース台）」というものがあります。そこからライトテーブル機能の名称がつけられています。

アニメーションセルパレットの表示

ライトテーブル機能を使うには、まず「アニメーションセルパレット」を表示する必要があります。

A 表示するには、[ウィンドウ]メニュー→[アニメーションセル]を選択します。

B アニメーションセルパレットの「セル固有ライトテーブル」（もしくは、「キャンバス共有ライトテーブル」）に、下描きや前後のセルなどの画像を読み込むことで、ライトテーブル機能を使えるようになります。

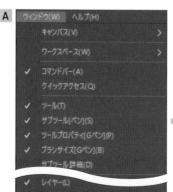

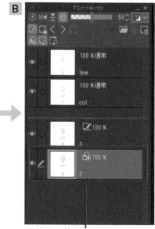

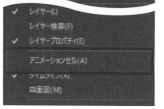

下描きや前後のセルを登録して表示

POINT

アニメーションセルパレットに登録したセルは「ライトテーブルレイヤー」と呼称します。

アニメーションセルパレットで行える操作

以下の機能がまとめられています。概要を解説します。

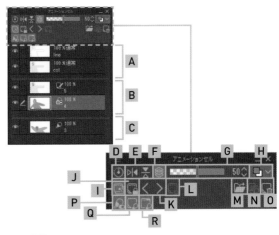

A 編集対象セル

現在選択中（編集中）のセルが表示される。

B セル固有ライトテーブル

選択中のセルを描画するときのみ参考にできるライトテーブルレイヤーを表示する領域。

C キャンバス共有ライトテーブル

どのセルを描画するときにも参考にできるライトテーブルレイヤーを表示する領域。

D ライトテーブル上のレイヤー位置をリセット

 ライトテーブルレイヤーの移動や変形、「中心点を移動（p.44）」といった操作をリセットする。

E ライトテーブル上のレイヤーを左右反転／上下反転

 選択したライトテーブルレイヤーを「左右反転」する。

 選択したライトテーブルレイヤーを「上下反転」する。

F 不透明度の対象を全体／個別で切り替え

 ボタンをオンにすると、すべてのライトテーブルレイヤーの不透明度を変更できる。
ボタンをオフにすると、選択したライトテーブルレイヤーの不透明度を変更できる。

G 不透明度

ライトテーブルレイヤーの不透明度を変更できる。

H 表示方法

ライトテーブルレイヤーにレイヤーカラーを設定することなど、ライトテーブルレイヤーの表示方法を変更できる。

I ライトテーブルを有効化

 キャンバスに表示するライトテーブルレイヤーの表示／非表示を切り替える。オフにするとすべてのライトテーブルレイヤーが非表示になる。

J 現在のアニメーションセルを編集対象に固定

 「編集対象セル」に登録されているセル（現在選択中のセル）を固定する。ボタンをオンにすると、レイヤーパレットやタイムラインパレットでほかのセルを選択しても、アニメーションセルパレットの「編集対象セル」が切り替わらない。

K 前／次のセルを選択

 編集対象セルを選択している場合、タイムラインの順にセルを切り替える。ライトテーブルレイヤーを選択している場合、レイヤーパレットの順に表示するライトテーブルレイヤーを切り替える。

L 新規アニメーションセル

 タイムライン上に新規アニメーションセルが作成され、「編集対象セル」が作成されたセルに切り替わる。

M ファイルを選択して登録

 ライトテーブルレイヤーとして画像ファイルを登録する。

N 選択中のレイヤーを登録

 ライトテーブルレイヤーとしてレイヤーパレットで選択中のセルを登録する。

O ライトテーブルからすべて／選択中の画像の登録を解除

  すべてのライトテーブルレイヤーの登録を解除する。特定のライトテーブルレイヤーを選択している場合は、選択したレイヤーの登録を解除する。

P ライトテーブルツールのオンオフ

 「ライトテーブルツール（p.45）」のオン／オフを切り替える。

Q セル固有ライトテーブルを表示

 「セル固有ライトテーブル」の表示／非表示を切り替える。

R キャンバス共有ライトテーブルを表示

 「キャンバス共有ライトテーブル」の表示／非表示を切り替える。

画像の登録

アニメーションセルパレットにセルや画像ファイルをライトテーブルレイヤーとして登録することで、ライトテーブル機能を使えます。

▶ 選択中のレイヤーを登録

A レイヤーパレットで登録したいセルを Ctrl キー+クリックで選択し、「選択中のレイヤーを登録 🖼」ボタンをクリックします。
B 選択したセルがライトテーブルレイヤーとして登録されます。

複数のセルを同時に選択し、登録することもできます。

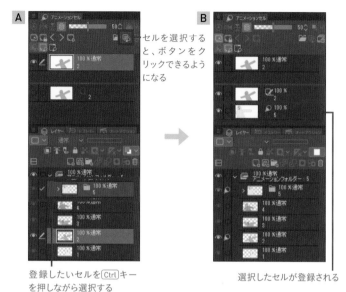

セルを選択すると、ボタンをクリックできるようになる

登録したいセルを Ctrl キーを押しながら選択する

選択したセルが登録される

> **POINT**
> セル(レイヤー)左横の欄をクリックすることでも選択できます。
>
>
>
> クリック

▶ ファイルを選択して登録

A 「ファイルを選択して登録 🖼」ボタンをクリックします。
B 画像ファイルを選択するためのウィンドウが開きます。
C 任意の画像ファイルを選択(複数選択可)し、「開く」ボタンをクリックして、ライトテーブルレイヤーとして登録します。

> **POINT**
> 基本的に、画像ファイルは「セル固有ライトテーブル」に登録されます。
> 「編集対象セル」に何も表示されていない場合は「キャンバス共有ライトテーブル」に登録されます。

任意の画像ファイルを選択する

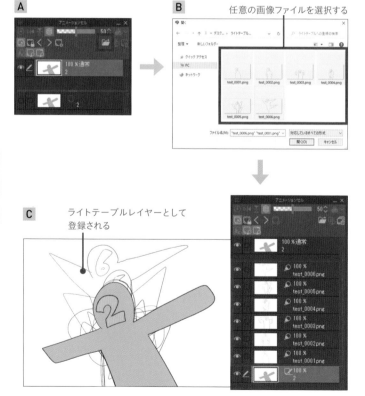

ライトテーブルレイヤーとして登録される

画像の登録を解除

ライトテーブルレイヤーとして登録したセルや画像は、もちろん登録を解除することもできます。

▶ ライトテーブルからすべての画像の登録を解除

「ライトテーブルからすべての画像の登録を解除 」ボタンをクリックすると、アニメーションセルパレットから、すべてのライトテーブルレイヤーの登録を解除します。

▶ ライトテーブルから選択中の画像の登録を解除

アニメーションセルパレットで特定のレイヤーを選択していると、ボタンが「ライトテーブルから選択中の画像の登録を解除 」となります。クリックすると、選択中のライトテーブルレイヤーの登録を解除します。

POINT

ライトテーブルレイヤーとして登録されているアニメーションセルは、レイヤーパレット上で電球アイコン が表示されます。

選択　　　　　　選択していたライトテーブルレイヤーの登録が解除される

Column

セル固有ライトテーブルとキャンバス共有ライトテーブルの違い

「セル固有ライトテーブル」に登録されたライトテーブルレイヤーは、編集中のセルに対して登録されています。そのため、編集するセルを変更すると、ライトテーブルレイヤーも切り替わります。
一方「キャンバス共有ライトテーブル」のライトテーブルレイヤーは共有されるので、編集するセルを変更しても常に表示されます。

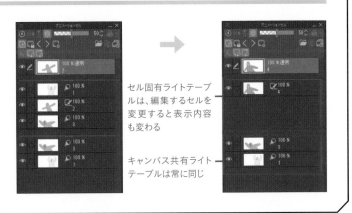

セル固有ライトテーブルは、編集するセルを変更すると表示内容も変わる

キャンバス共有ライトテーブルは常に同じ

ライトテーブルレイヤーの不透明度の変更

ライトテーブルレイヤーは、不透明度の変更ができます。不透明度を下げると下絵として見やすくなります。

設定項目は、アニメーションセルパレットの上部中央にあります。

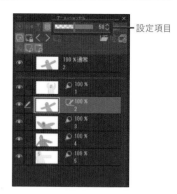

設定項目

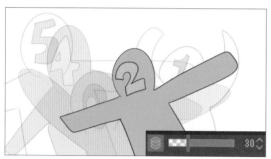

不透明度「30」

不透明度「70」

ライトテーブルレイヤーの色変更

ライトテーブルレイヤーの画像の色を設定できます。設定すると、不透明度の設定と同じように下絵として見やすくなります。

アニメーションセルパレット右上の「表示方法」ボタンから「カラー」「ハーフカラー」「モノクロ」のいずれかの色に設定できます。「ハーフカラー」「モノクロ」の場合は、「レイヤーカラーを変更」で任意の色に設定できます。「モノクロ」の場合は、「サブカラーを変更」でサブカラーの色も設定できます。

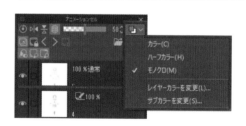

色の設定なし

表示方法を「モノクロ」に設定した場合。
色は、「レイヤーカラーを変更」で設定できる

色を設定したレイヤーにはアイコンがつく

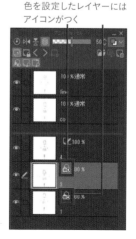

ライトテーブルレイヤーの操作

アニメーションセルパレットに登録したライトテーブルレイヤーを選択すると、キャンバスの画像に上下左右、四辺にハンドル  のある「バウンディングボックス」が表示されます。バウンディングボックスを操作して、ライトテーブルレイヤーの画像の移動や変形を元のレイヤーに影響を及ぼすことなくできます。

ライトテーブルレイヤーを選択

POINT

ライトテーブルレイヤーの変形情報は、別のセルを表示したり、ファイルを保存して開き直しても保持されます。さらに、元のセルに加筆しても変形された状態は保たれつつ、ライトテーブルレイヤーにも反映されます。

▶ 画像の移動

バウンディングボックスをドラッグすると、選択したライトテーブルレイヤーの画像を移動できます。

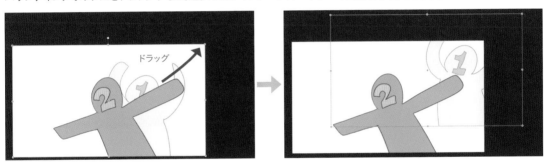

▶ 画像の拡大／縮小

バウンディングボックスのハンドルにマウスカーソルを近づけると、カーソルが ↗ や ↔ のような形状に変わります。その状態でハンドルをドラッグすると、画像の拡大や縮小といった操作ができます。

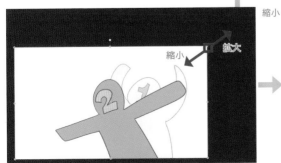

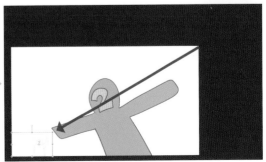

▶ 画像の回転

マウスカーソルが ↰ のような形状に変わったところでドラッグすると、画像の回転ができます。画像は「中心点 ⊞」を中心にして回転します。

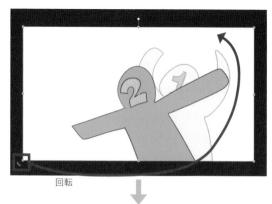

回転

> **POINT**
>
> ライトテーブルレイヤーに表示される「中心点 ⊞」が回転、反転時の中心になります。
> この中心点は、ドラッグすることで移動できます（ライトテーブルツールのツールプロパティパレット(p.45)で「回転の中心」を「自由位置」に設定している場合のみ）。

▶ 画像の左右反転／上下反転

アニメーションセルパレットの「左右反転 ◫」や「上下反転 ▤」をクリックすると、選択中のライトテーブルレイヤーの画像が反転します。

左右反転

上下反転

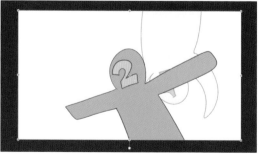

> **POINT**
>
> アニメーションセルパレットの「左右反転 ◫」や「上下反転 ▤」などのボタンは、通常の反転と同じ画像のボタンになっています。ボタンに限らず、セルの「切り取り」や「貼り付け」も通常の操作と名称が同じです。
> 同じ名称、ボタンでも機能は変わってくるので注意が必要です。

▶ キーでセルの動きを確認

ライトテーブルに登録した複数のセルを、キーボードの数字キーやカーソルキーで切り替えて表示することができます。

[アニメーション]メニュー→[アニメーションセル表示]→[キーでセルの動きを確認]を選択すると、**A** のようなダイアログが表示されます。この間ほかの操作はできなくなります。

B ライトテーブルに登録されたセルの上から順番に数字キーに対応しています。また、カーソルキーの「←」「→」で前後のセルへ表示切り替え、「↑」「↓」は押している間のみ前後のセルが表示されます。

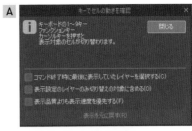

POINT
「キーで前後のセルを確認」という方法も選択できます。基本的な操作方法は同じですが、セルの表示方法が異なります。

POINT
キーボードを連続して押すことでセルの動きの確認ができるため「指パラ」のような使い方ができます。「指パラ」とは、紙で作画するアニメーターが作画用紙を指でパラパラめくって動きを確認するテクニックです。

POINT
iPadなどのタブレットデバイスの場合は、エッジキーボード(p.9)のT1～T6に対応しています。

Column

ライトテーブルツールの設定

デフォルトでは、ライトテーブルレイヤーを選択すると、ツールが「ライトテーブルツール」に切り替わります。また、アニメーションセルパレットの「ライトテーブルツールのオンオフ 🔲」ボタンをクリックするか、「操作」ツール→「ライトテーブル」を選択することでも切り替えられます。

ライトテーブルツールの設定は、ツールプロパティパレットがライトテーブルツールのものになるので、そこで行います。ライトテーブルのツールプロパティパレットでは、下記のような設定ができます。

A ドラッグ

ドラッグ時の「移動」もしくは「回転」操作の切り替えができる。

B クリック

クリック時の「中心点を移動」もしくは「なし」の切り替えができる。

C タッチ

タブレットデバイスなどでのタッチ操作の設定ができる。

D 状態

変形のリセット、左右反転、上下反転ができる。アニメーションセルパレットと同じ操作。

E 回転の中心

プルダウンの中から選択した位置に回転、反転の中心点 ⊞ を設定できる。自由位置にすると、任意の位置に設定できる。

F 拡大率

拡大、縮小を数値で設定できる。

G 回転角

回転の角度を数値で設定できる。

H 位置調整

プルダウンの中から選択した任意のフレームに合わせて、ライトテーブルレイヤーの画像を移動する。

2 ライトテーブル機能を使ってアニメーションを描く

それでは、実際にライトテーブル機能を使ってみましょう。ここでは、アニメーショ
ンセル(以降:セル)[1]と[2]の間の絵(中割り)を描いていきます。

※中割りに関しては、p.82参照のこと。

アニメーションセル[1]

アニメーションセル[2]

1 新規アニメーションセルを作成する

[アニメーション]メニュー→[新規アニメーションセ
ル]を実行し、新規アニメーションセル[1a]をセル[1]と
[2]の間に作成します。

2 登録するセルを選択する

作成したセル[1a]をレイヤーパレットで選択し、セル
[1]と[2]を[Ctrl]キー+左クリックで選択します。選択し
たセルに✓がつきます。

[Ctrl]キー+左クリック
で選択する

3 ライトテーブルレイヤーとして
登録する

アニメーションセルパレットの「選択中の
レイヤーを登録 」ボタンをクリックし、
2 で選択したセルを「セル固有ライト
テーブル」にライトテーブルレイヤーとし
て登録します。

4 ライトテーブルレイヤーの色を変える

ライトテーブルレイヤーとして登録したままの状態だと両方とも同じ色で識別しにくいので、アニメーションセルパレットの「表示方法」ボタンから「モノクロ」を選択し、それぞれ「レイヤーカラーを変更」します。

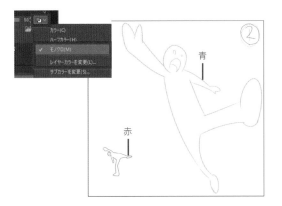

5 ラフを描く

セル[1a]に[1]と[2]の間の絵のラフを描きます。今回の場合、奥に向かって落ちていくような動きなので、簡単なパースを作成して奥に詰める感じでイメージしています。

6 [1]をラフに合わせる

ライトテーブルレイヤーに登録した[1]を 5 で描いたラフに合わせて縮小、移動、回転します。

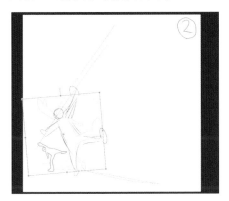

7 [2]をラフに合わせる

ライトテーブルレイヤー[2]もラフに合わせて拡大、移動、回転します。

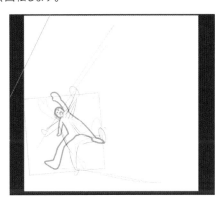

8 前後のライトテーブルレイヤーを
　重ね合わせた状態

ラフを消すとこのように、前後の[1]と[2]の絵が重ねて表示され、より詳細に間の絵を描くことができます。

> POINT
>
> 「オニオンスキン(p.49)」でも前後の絵を表示しながら描くことは可能ですが、今回のようにそれぞれの絵の移動や変形、回転といったことはできないため、「ライトテーブル機能」を使うことで、正確かつ簡単に間の絵を作画したり、ほかのセルを写し描きすることが可能となります。

> POINT
>
> ライトテーブル機能を使えば、このようにセルとセルを重ね合わせて描く「タップ割り」もできます。

9 清書する

8 を参考に、間の絵を描き進めていきます。

> **POINT**
>
> ライトテーブル機能を使って描くだけでなく、随時タイムライン
> パレットの「再生 ▶」や「前（後）のフレームへ ◀ ▶」で常に動き
> の流れを確認するクセをつけておきましょう。

10 描いた絵を確認する

「ライトテーブル上のレイヤーの位置をリセット ⟳」ボタ
ンをクリックすると、ライトテーブルレイヤーの位置がリ
セットされるので、描いた絵の流れを確認できます。

11 完成

「ライトテーブルからすべての画像の登録を解除 🖼」
し、図のように間の絵が完成しました。ライトテーブル
機能を使うことで、それぞれの絵をなぞるように描ける
のは非常に便利です。

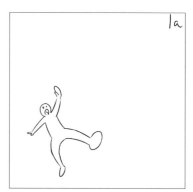

Column

タイムライン編集ツールが便利

タイムライン編集ツールを使うと、キャンバス上をドラッグして前後のフレーム
を切り替えられます。タイムライン上の移動はもちろんですが、p.45の「キーで
セルの動きを確認」のように指パラ的な使い方もできます。
操作ツールの「タイムライン編集」か、タイムラインパレットの「タイムライン編
集 ▣（p.25）」から選択します。

キャンバス

ドラッグ

タイムライン上を移動

3 オニオンスキン

ライトテーブルと同じように「前」「後」の絵を透かして表示する機能です。ライトテーブルのように絵の変形や移動といったことはできませんが、設定が単純でわかりやすく、ボタン1つでオン／オフの切り替えができるため、効率よく描き進めたいときに便利です。

オニオンスキンの使い方

オニオンスキンは、タイムラインパレットの「オニオンスキンを有効化▣」ボタンをクリックすることでオンにできます。オンにすると、選択しているタイムライン上の前後の絵が表示されるので、それを参考に間の絵を描いていきます。

前の絵　　　　後ろの絵

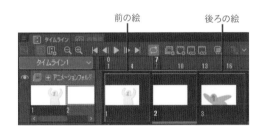

オニオンスキンにより、
前後のセルが表示される

前後の絵を参考に間の絵を描く

POINT

[アニメーション]メニュー（もしくは、タイムラインパレットの[メニュー表示▤]）→[アニメーションセル表示]→[オニオンスキンを有効化]からも、オニオンスキンをオンにできます。

オニオンスキンの設定

オニオンスキンの設定は、[アニメーション]メニュー→[アニメーションセル表示]→[オニオンスキン設定]から行います。下記のような設定ができます。

A 表示枚数

表示する前後のセルの枚数を設定する。前後で異なる枚数を設定可。

B 表示設定

オニオンスキンの色や不透明度を設定できる。
前後で異なる色を設定することが可能。複数のオニオンスキンを表示する場合は、不透明度の「下げ幅」に設定した数値で不透明度を下げながら表示していく。

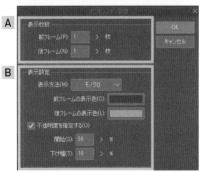

セルに描かれた絵の移動や拡大縮小、回転、不透明度の変化などのアニメーションを加えられるようになる機能です。アニメーションフォルダーだけでなく、通常のレイヤーやフォルダーに対して加えることもできます。
ここでは基本的な操作方法を解説します。実例はp.154で紹介していますので、そちらも併せて参照してください。

機能の有効化

[アニメーション]メニュー→[トラック編集]
→[レイヤーのキーフレームを有効化]を選
択してチェック✓を入れるか、タイムラインパ
レットの「レイヤーのキーフレームを有効化
」ボタンをオンにすると、レイヤーにキーフ
レームを追加・編集などができる状態になり
ます。

メニューで「レイヤーのキーフレームを有効化」
にチェック✓を入れる

タイムラインパレットで「レイヤー
のキーフレームを有効化」ボタン
をオンにする

「レイヤーのキーフレームを有効化」すると、タイムライン
パレットの該当するトラックに「変形」と「不透明度」の項目
(マスクが設定されているトラックの場合は、「マスク」の項目も)が
追加されます。
レイヤーパレットのアニメーションセルには画像の編集が
できないことを示す、ロックアイコン が表示され、機能
が有効化された状態かどうかを視認できます。

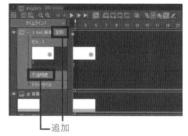

└ 追加

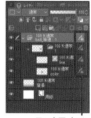

ロックアイコン

POINT

「レイヤーのキーフレームを有効化」すると、その間該当するセル(レイヤー)に対しての描画ができなくなります。描画を行いたい場合は機能をオフにするか、[アニメーション]メニュー[トラック編集]→[キーフレームが有効なレイヤーの編集]を選択してチェック✓を入れるか、タイムラインパレットの「キーフレームが有効なレイヤーの編集 ✎」ボタンをオンにします。

オンにする

キーフレーム

アニメーションなどの動画作成・編集ソフトにおいての「キーフレーム」とは、描かれた絵の移動や拡大縮小、回転、不透
明度の変化などのアニメーションを作成する際の開始地点と終了地点を決める要素です。キーフレームを使うことで、た
とえば「画面右側にある絵をキーフレームの開始地点から終了地点までで画面左側に移動させる」といったアニメーショ
ンを作成できます。キーフレームのおかげで、この絵の移動のアニメーションを1枚1枚描く必要がなくなります。

▶ キーフレームを追加する

「レイヤーのキーフレームを有効化」されたセル(レイヤー)に対してキーフレームが追加できるようになります。タイムラ
インパレット上でキーフレームを追加したいフレームを選択し、[アニメーション]メニュー→[トラック編集]→[キーフレー
ムを追加]、もしくはタイムラインパレットの「キーフレームを追加 ▦」ボタンでキーフレームを追加できます。

選択したフレームにキーフレームが追加される

キーフレームを追加すると、絵のその時点での位置などの情報がキーとしてタイムライン上に記録されます。さらに、タイムライン上の任意のフレーム位置でもう一度「キーフレームを追加」したり、セルに描かれている絵に移動や変形などといった編集をおこなうと、キーフレームが追加されます。

下図は、キーフレームを使ってボールを右から左に移動させたアニメーションです。タイムライン上で25フレーム目を選択し、「レイヤー移動」ツールでボールを移動させました。これで、キーフレームの開始地点から終了地点まででボールが右から左に移動するアニメーションになります。間の動きは自動で補間されます。

キーフレームの開始地点　　　　　　キーフレームの終了地点

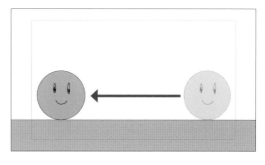

POINT

タイムライン上のキーフレームを選択し、[アニメーション]メニュー→[トラック編集]→[削除]、もしくはタイムラインパレットの「キーフレームの削除 ▨」ボタンで不要なキーフレームを削除できます。

▶ キーフレームの補間方法の種類

キーフレーム間の動きは自動で補間されます。この補間方法には「一定値」「等速」「滑らか」の3種類があります。補間方法は、タイムラインパレットの「キーフレームを追加 ▨」ボタン横のプルダウンメニューから切り替えられます。

A 一定値

キーフレームとキーフレームの間の動きが補間されず、キーフレームでの変化のみのアニメーションとなる。

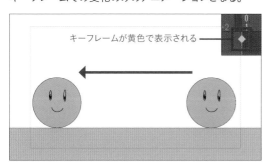

キーフレームが黄色で表示される

B 等速

キーフレームとキーフレームの間の動きが等速に補間されたアニメーションになる。

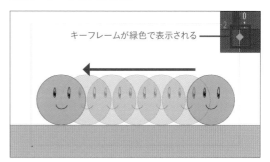

キーフレームが緑色で表示される

C 滑らか

キーフレームとキーフレームの間の動きが等速ではなく、キーフレームの前後でゆっくりとした動きに補間されたアニメーションとなる。

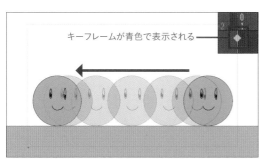

キーフレームが青色で表示される

POINT

作成したキーフレームの補間方法は、後から切り替えることができます。タイムライン上のキーフレームをクリックして選択、もしくはドラッグによる範囲選択で選択し、[アニメーション]→[トラック編集]から[キーフレームを一定値補間に変更][キーフレームを等速補間に変更][キーフレームを滑らか補間に変更]のいずれかを選択して切り替えます（現在の状態のキーフレーム補間方法は選択できません）。

また、タイムラインパレットの「キーフレームを追加 ▨」ボタン横のプルダウンメニューから任意の補間方法に切り替えてから、タイムライン上のキーフレームを選択、もしくはキーフレームの設定されたフレーム位置で再度「キーフレームの追加」を実行すると、補間方法をあらたに設定したものに上書きすることも可能です。

ファンクションカーブ

少し高度なキーフレームの編集機能として「ファンクションカーブ」があります。前のページで紹介した補間方法の種類以上に、細かな動きの加減速の編集を行いたい場合に有効な機能です。グラフのカーブを使って調整していきます。

▶ ファンクションカーブ編集モードに切り替える

[アニメーション]メニュー→[ファンクションカーブ]→[ファンクションカーブ編集モード]、もしくはタイムラインパレットの「ファンクションカーブ編集モード 📉」ボタンでファンクションカーブ編集モードに切り替えられます。
「ファンクションカーブ編集モード」に切り替えると、タイムラインの見た目がキーフレーム間をつなぐ線のグラフの表示に変わります。

タイムラインの見た目が変わる

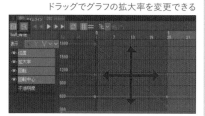
▶ ファンクションカーブの編集方法

グラフのカーブを編集して動きの加減速を調整していきます。カーブの見方ですが、カーブの急な角度の部分が変化が大きく速い動き、なだらかな部分が変化が少なくゆっくりとした動きの部分になります。

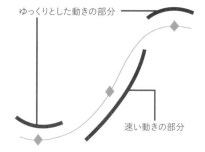

ゆっくりとした動きの部分

速い動きの部分

キーフレームから飛び出ている線の先についている小さな ◆ 部分をドラッグすることで編集できます。
また、キーフレームやカーブの線を選択して移動させることもできます。

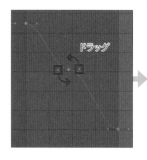
ドラッグ

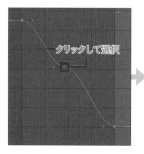
クリックして選択

ドラッグして移動

5 2Dカメラフォルダー

Chapter1 ▶ 01_002k.clip、01_003k.clip **EX**

カメラワーク(p.136)をつけることができる機能です。2Dカメラフォルダー内に入れたレイヤーに対して、レイヤーのキーフレームを有効化の機能を使い、基準フレームの移動などを指定することでカメラワークをつけられます。ここでは、カメラワークの作例と一緒に2Dカメラフォルダーの使い方を見ていきます。

1 カメラワークを想定したキャンバスを作成する

カメラワークをつけたい広さのキャンバスを作成します。
「基準サイズ」がアニメーションとして描画、出力されるフレームになります。
カメラワークのためにキャンバスを広げる場合は「基準サイズ」は変えずに、「余白」の数値を変えてキャンバスを広げます。ここでは、右から左にPAN(p.136)するカメラワークを想定して、左側に余白を広げました。

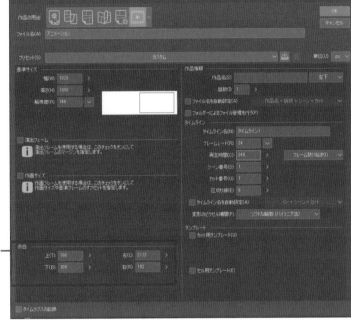

余白の数値を変えて
キャンバスを広げる

POINT

キャンバスサイズを広げるのはキャンバス作成時だけでなく、すでに作成されているキャンバスに対して[編集]メニュー→[キャンバスサイズを変更]からでも可能です。「キャンバスサイズを変更」ダイアログが表示されるので、このときにキャンバスに現れるバウンディングボックス□をドラッグすることで直感的にキャンバスを広げたり、縮めたりすることができます。
また、「基準点」を指定してキャンバスサイズの数値を入力することで、指定した基準点を軸にキャンバスサイズを変えることもできます。
絵を描きながらや実際にカメラワークをつけながら必要なサイズに広げたい場合は、この方法をとりましょう。

2 広げたキャンバスに絵を描く

ここでは「景色を見渡すキャラクターとその景色」という絵にしてみました。

3 2Dカメラフォルダーを作成する

2Dカメラフォルダーは、[アニメーション]メ
ニュー→[アニメーション用新規レイヤー]→
[2Dカメラフォルダー]で作成できます。

レイヤーパレットに「カメラ+連番数字」のフォル
ダーが作成されます。タイムラインパレットのカ
メラアイコン  がついているトラックが「2Dカメ
ラフォルダー」になります。

2Dカメラフォルダー

4 2Dカメラフォルダーにセルを格納する

2Dカメラフォルダーにカメラワークをつけたいセルを格
納します。

5 キーフレームを追加する

2Dカメラフォルダーを選択した状態で、タイムライン上で
カメラワーク開始地点のフレームに「キーフレームを追
加(p.50)」します。

キーフレームを追加

6 カメラワークをつける

タイムライン上のカメラワーク終了地点のフレームを選択し、右から左にPANするカメラワークをつけていきます。操作
ツールの「オブジェクト」を使い、カメラの枠を動かすとキーフレームも自動的に追加されます。

カメラワーク開始地点のカメラの枠を変更したい場合も、操作ツールの「オブジェクト」で枠の移動や変形します。

カメラの枠を任意の位置へ移動や変形

カメラの枠を調整すると、自動でキーフレームが追加される

7 再生して確認してみる

プレビューを再生する際に[アニメーショ
ン]メニュー→[再生設定]→[2Dカメラ
をレンダリングする]にチェック✓を入れ
ておくと、「基準フレーム」の範囲以外が
暗くなった状態で再生できます。

カメラワークの応用

「2Dカメラフォルダー」と「レイヤーのキーフレームを有効化」を併用することで、遠近感の表現などより高度な
カメラワークを作ることができます。前ページまでで作成したPANするカメラワークに追加していきます。

1 キャラクターにキーフレームを追加する

2Dカメラフォルダーを選択した状態で、タイム
ライン上でカメラワーク開始地点のフレームに
「キーフレームを追加(p.50)」します。

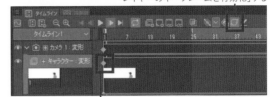

「レイヤーのキーフレームを有効化」する

キャラクターのトラックに「キーフレームを追加」する

2 キャラクターをスライドさせる

タイムライン上のカメラワーク終了地点のフレームを選択し
た状態で、キャラクターを操作ツールの「オブジェクト」で先に
作ってあるカメラワークと逆の方向へスライド移動します。

キャラクターを逆方向に移動させる

3 背景を移動する

キャラクターと同様の手順で背景にも右に少しスライド移動するアニメーションをつけていきます。スライドの
アニメーションをつけていく際は、カメラに近いものほど大きな動き幅で、奥に行くにしたがって動き幅を小さく
していきます。

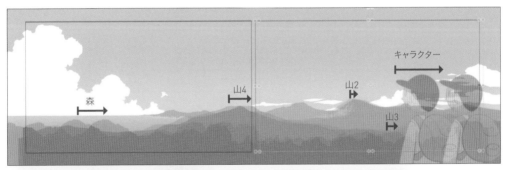

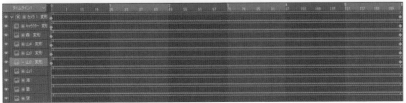

ただの横PANでもレイヤー分けをして個別にアニメーションをつけることで、より奥行きの感じられるアニメー
ションになります。これが「密着マルチ」「マルチスライド」といった手法です。

5 │ 書き出し機能

アニメーション書き出しをすることで、撮影編集したり、WEBサービスにアップロードするファイル形式にできます。

1 さまざまな形式での書き出し

[ファイル]メニュー→[アニメーション書き出し]から、下記のような書き出し方法を選択できます。

- ・連番画像
- ・アニメーションGIF
- ・アニメーションスタンプ（APNG）
- ・ムービー
- ・オーディオ

また、「EX」のグレードでは、下記の書き出しも選択できます。

- ・アニメーションセル出力
- ・タイムシート情報
- ・OpenToonzシーンファイル

連番画像

タイムラインで再生できるすべてのフレームを、表示されたレイヤーを統合した画像として、連番画像で書き出します。
[ファイル]メニュー→[アニメーション書き出し]→[連番画像]を選択すると、「連番画像書き出し設定」ダイアログが表示されます。

A 書き出し先
[参照]ボタンから画像の保存先を選択できる。

B ファイル名設定
書き出す画像のファイル名を設定できる。

C 詳細設定
書き出す画像のファイル形式を「PNG、BMP、JPEG、Targa、TIFF」から選択できる。

D サイズ設定
書き出す画像のサイズと、描画範囲を設定できる。

E 枚数設定
書き出すタイムライン上のフレームの範囲とフレームレートを設定できる。混乱を防ぐためにも基本的には制作時のフレームレートから変更しないほうがよい。

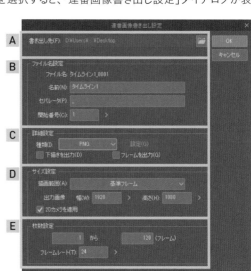

アニメーションGIF

アニメーションGIFは、1つのファイルの中にアニメーション情報を記録する画像形式です。あくまで画像ファイルなので音声が組み合わせられない、最大256色までしか表現できないという制限がありますが、簡易なアニメーションには非常に適した形式です。

[ファイル]メニュー→[アニメーション書き出し]→[アニメーションGIF]を選択し、保存先とファイル名を設定して[保存]すると、「アニメーションGIF出力設定」ダイアログが表示されます。

A 幅／高さ
幅と高さを設定できる。

B 出力範囲
書き出すタイムライン上のフレームの範囲を設定できる。

C フレームレート
フレームレートを設定できる。

D ループ回数
アニメーションを繰り返す回数を設定できる。

E 出力オプション
「ディザリング」にチェックを入れると、色の変化をなめらかにできる。

ムービー

制作したアニメーションをムービーファイルとして書き出します。

[ファイル]メニュー→[アニメーション書き出し]→「ムービー]を選択して保存先とファイル名を設定し、ファイルの種類を「AVI」(macOSの場合は「MOV(QuickTimeMovie)」)か「MP4」から選択します。
[保存]を実行すると、それぞれの形式に応じた「ムービー書き出し設定」ダイアログが表示されます。右図は、「MP4」形式で書き出した場合の設定です。

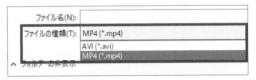

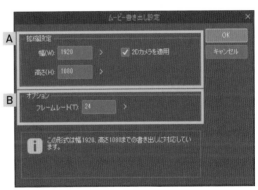

A 拡張設定
幅と高さを設定できる。「MP4」の場合、最大幅1920px、高さ1080pxまで。
「2Dカメラを適用」をオンにすると、2Dカメラフォルダー(p.53)に設定したカメラワークが反映された状態で書き出せる。

B オプション
フレームレートを設定できる。

POINT
オーディオトラックが読み込まれている場合は、オーディオの設定も行えます。

POINT
「AVI」を選択した場合、「ムービー書き出し設定」ダイアログで各種設定をして「OK」ボタンをクリックすると、「ビデオの圧縮」ダイアログが表示されます。
ここでは、あらかじめインストールされているコーデックでの、動画ファイル圧縮の設定ができます。

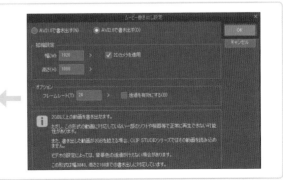

アニメーションスタンプ（APNG）

APNGは、GIFに似た形式で、1つのファイルの中にアニメーション情報を記録する画像形式です。たとえば、LINEスタンプ用に書き出したい場合はこのフォーマットを選択します。

［ファイル］メニュー→［アニメーション書き出し］→「アニメーションスタンプ（APNG）」を選択し、保存先とファイル名を設定して［保存］すると、「アニメーションスタンプ（APNG）出力設定」ダイアログが表示されます。

A 幅、高さ
幅と高さを設定できる。

B 出力範囲
書き出すタイムライン上のフレームの範囲を設定できる。

C フレームレート
フレームレートを設定できる。

D ループ
アニメーションのループの回数を設定できる。

E 出力オプション
「余白を削除する」にチェックを入れると、キャンバス上で

使われていない余白部分を削除する。
「減色する」にチェックを入れると、使っている色を減色してファイルサイズを小さくできる。

オーディオ

オーディオレイヤー（p.67）がある場合にのみ選択できます。［ファイル］メニュー→［アニメーション書き出し］→［オーディオ］を選択すると、編集中のアニメーションのオーディオレイヤーの内容をWav形式またはOgg形式のオーディオファイルとして書き出せます。

A 書き出すフレームの設定
書き出すタイムライン上のフレームの範囲とフレームレートを設定できる。

B オーディオ設定
サンプリング周波数・量子化ビット数・モノラル・ステレオなどの組み合わせを選択できる。

アニメーションセル出力 EX

「EX」のグレードでのみ選択できる書き出し方法です。表示されたセルのみを連番形式で書き出します。

［ファイル］メニュー→［アニメーション書き出し］→［アニメーションセル出力］を選択すると、「アニメーションセル出力」ダイアログ表示されます。

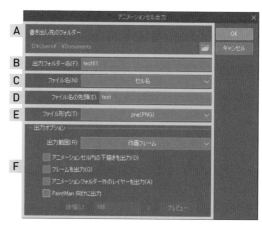

A 書き出し先のフォルダー
［参照 ］ボタンから画像の保存先を選択できる。

B 出力フォルダー名
A で設定した保存先の中に、ここで設定したフォルダー名の新規フォルダーが自動で作成され、その中に書き出される。

C ファイル名
画像のファイル名を、「セル名（アニメーションセルに振られた名称）」か、「連番（アニメーションフォルダー内の昇順での連番）」かを選択できる。

D ファイル名の先頭
ファイル名の先頭に追加したい文字を入力できる。

E ファイル形式
書き出す画像のファイル形式を「PNG、BMP、JPEG、Targa、TIFF」から選択できる。

F 出力オプション
「出力範囲」で書き出す画像範囲を「全体」か「作画フレーム」で断ち切ったものかを選択できる。

▶ **アニメーションセル内の下描きを出力**

F の「出力オプション」で、「アニメーションセル内の下
描きを出力」にチェックを入れると、「下描きレイヤー」に
設定したレイヤーも一緒に書き出します。

下描きレイヤーに設定した
アニメーションセル

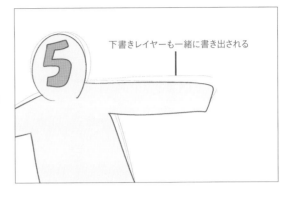

下書きレイヤーも一緒に書き出される

▶ **フレームを出力**

F の「出力オプション」で、「フレームを出力」にチェッ
クを入れると、演出フレームや作画フレーム(p.36)を表
示した状態の画像ファイルとして書き出すことができ
ます。

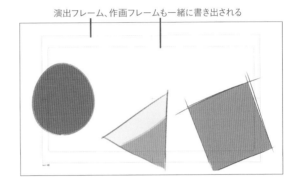

演出フレーム、作画フレームも一緒に書き出される

「連番画像」と「アニメーションセル出力」書き出しの違い

「連番画像」での書き出しは、同じ絵が続いた
場合でも、すべてのフレームを連番で書き出し
ます。また、表示されているすべてのセル(レイ
ヤー)を統合して書き出します。ここでは背景も
一緒に1つの画像として書き出されています。

対して、「アニメーションセル出力」は、レイヤー
パレットの各セルごとに書き出します。アニメー
ションフォルダー別に、単一セルとして書き出し
できるため、素材として管理もしやすく、同じ絵
が複数枚書き出されることもありません。

「連番画像」の場
合、画像を統合し、
すべてのフレーム
を書き出す

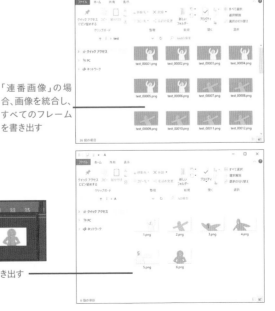

「アニメーションセル出力」の場合、セルごとに1枚ずつ書き出す

▶ PaintMan向けに出力

F の「出力オプション」で「PaintMan向けに出力」にチェックを入れると、PaintMan向けにアンチエイリアス(p.71)オンのブラシで描いた線を自動で2値化し、アンチエイリアスオフの状態で出力できます。出力時の「線幅」も設定でき、「プレビュー」ボタンを押すと実際の線幅を見ながら調整することができます。ほかにも主線と色トレス線をPaintManで「主線プレーン」と「彩色プレーン」として読み込める形に分離したり、下書きレイヤーを「影指定プレーン」として出力して読み込むことができるというPaintMan向けの機能ではありますが、線画のアンチエイリアスをオフにして出力したいといった場合にも利用できます。

POINT

「PaintMan」とは、CLIP STUDIO PAINT同様に株式会社セルシスが製作販売しているアニメーション制作ツール「RETAS STUDIO」の中の1本です。おもに、2値データでのアニメのセル塗り、ペイントに特化したツールです。

POINT

プロの現場では、「.tga(Targa)」形式で書き出すことで、仕上げ工程の作業者にも柔軟に作画データを渡すことができます。

タイムシート情報 EX

「EX」グレードでのみ選択できる書き出し方法です。

[ファイル]メニュー→[アニメーション書き出し]→[タイムシート情報]で、タイムラインをタイムシート形式のCSVファイルで出力します。出力されたCSVファイルは、横軸のタイムラインを縦軸に置き換え、それぞれのセルが何フレーム目から何フレーム目まで表示されているかを示しています。

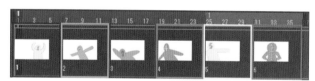

CLIP STUDIO PAINTのタイムライン
※色のついた部分がそれぞれ対応している

POINT

「アニメーションセル出力」した際に重要となってくるのが、「タイムシート(p.86)」の情報になります。これがなければ、個別で出力されたセルをどういうタイミングで並べればいいのかが不明なため、作画したアニメーターの意図したタイミングもわからず、以降の作業者への混乱ともなります。

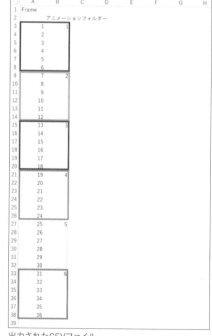

出力されたCSVファイル

OpenToonzシーンファイル EX

「EX」グレード、かつWindows、macOS版でのみ選択できる書き出し方法です。
［ファイル］メニュー→［アニメーション書き出し］→［OpenToonzシーンファイル］を選択すると、編集中のアニメーションをOpenToonz向けのファイルとして書き出せます。
「OpenToonzシーンファイル出力設定」ダイアログでは、次の設定ができます。

A 書き出し先のフォルダー
［参照 ］ボタンからファイルの保存先を選択できる。

B 出力フォルダー
ファイルの書き出し先のフォルダー名を設定できる。

C アンチエイリアスを有効にする
チェックをオンにすると、線画のアンチエイリアスを有効にしたまま、OpenToonzに書き出せる。チェックをオフにすると「線幅」を設定でき、線を自動で2値化して書き出せる。「プレビュー」ボタンを押すと実際の線幅を見ながら調整できる。

POINT

「OpenToonz」とは、株式会社ドワンゴで開発されたオープンソースの2Dアニメーション制作ソフトウェア。誰でも無料で使用することができます。
イタリアのDigital Video社が開発し、株式会社スタジオジブリのカスタマイズを経て、ジブリ作品の制作に長年使われてきたソフトウェア「Toonz」が基になっています。

OpenToonz公式ホームページ
https://opentoonz.github.io/

POINT

OpenToonzシーンファイルとして書き出す際には次の3つの注意点があります。

・OpenToonzがインストールされている必要がある。
・OpenToonzのインストール先を変更している場合は、コマンド実行時に［OpenToonzインストールパス設定］ダイアログが表示される。［参照 ］ボタンからOpenToonzのインストール先を指定する必要がある。
・アニメーションフォルダー名に、「\（￥の半角文字）」「/」「:」「*」「?」「"」「<」「>」「|」の記号を使用している場合は、OpenToonzに読み込めない。

Column

書き出すキャンバスの範囲

「アニメーションセル出力」とそれ以外とで、書き出されるキャンバスの範囲が異なります。新規キャンバスを作成する際には、下記の違いも考慮しておきましょう。

「アニメーションセル出力」以外の書き出しは、すべて「基準フレーム(p.36)」で断ち切って書き出されます。

「アニメーションセル出力」のみ、「作画フレーム」と余白を含むキャンバス「全体」を選択可能です。

余白　作画フレーム　基準フレーム　演出フレーム

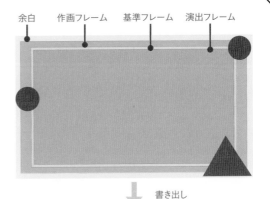

書き出し

6 | その他の便利な機能

ここまででアニメーション制作において必須となる機能を解説してきました。その他にも、CLIP STUDIO PAINTには便利な機能がたくさん用意されています。

1 タイムラインパレットの応用

新規キャンバスの作成時に作成したタイムラインは、後から設定やフレームレートの変更、タイムラインの新規追加といったことができます。

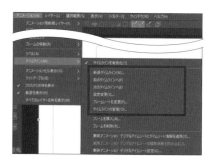

タイムラインの設定変更

作成したタイムラインの設定を後から変更できます。

▶ **設定変更**

[アニメーション]メニュー→[タイムライン]→[設定変更]を選択すると、「設定変更」ダイアログが表示され、新規キャンバスの作成(p.36)時に作成したタイムラインの設定を変更できます。変更できる項目は、タイムライン名、開始フレーム、終了フレーム、区切り線、シーン番号、カット番号です。

▶ **フレームレートを変更**

[アニメーション]メニュー→[タイムライン]→[フレームレートを変更]を選択すると、「フレームレートを変更」ダイアログが表示され、フレームレートを変更できます。

「総フレーム数を変更」にチェックを入れると、現在の尺(秒数)を維持したまま変更します。たとえば、24fpsで1秒のファイルを30fpsに変更した場合、チェックを入れると30フレームに変更され、チェックを入れてなければ24フレームのままになります。

Column

カットとシーン

元々フィルム映画などでは撮影したフィルムを切ってカットし、別のカメラで撮影したフィルムとつないでいました。つまり「カット(cut)」とは、その編集時点によって分断された単位のようなものです。アニメーションでも、疑似的にカメラによって撮影された画面を想定して描くため、カメラの切り替わりで「カット」が変わるイメージで使います。「シーン」とは、「カット」の連続によって描かれる場面であり、意味をもった一連のカットのまとまり、文章における段落や文節、舞台における一幕のようなイメージです。

複数のタイムラインの活用

CLIP STUDIO PAINTでは、1つのファイル内に複数のタイムラインを作成できます。新規のタイムラインの作成は、[アニメーション]メニュー→[タイムライン]→[新規タイムライン]を選択し、表示された「新規タイムライン」ダイアログで設定を入力することで行います。

ファイル内のタイムラインの切り替えは、[アニメーション]メニュー→[タイムライン]→[前のタイムラインへ]（もしくは、[次のタイムラインへ]）で行えますが、タイムラインパレット左上のプルダウンタブからでも選択できます。

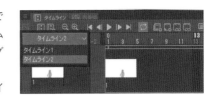

▶ 複数のタイムラインの活用例

1つのファイルの中で複数のタイムラインを作成できますが、どのようなときに活用できるのでしょうか？　ここでは、同ポ（同じポジション）、兼用カットの例を紹介します。アニメーションでは、多くのカットの連続で物語をつないでいきます。その際に、同じセルや背景を別のカットでも使うような場合があります。それを「同ポ」と呼んだりします。そして複数カットを兼用するため「兼用カット」といいます。複数のタイムラインが作成できることで、この兼用カットを作成することができます。

A は、Aセル（夕日を眺める少女の後ろ姿）の「カット1」になります。このカットは、アニメーションフォルダー[A]のアニメーションセル（以降：セル）[1]による1秒の止め絵になっています。

タイムラインを「カット2」 B に切り替えます。背景や夕日を眺める少女アニメーションフォルダー[A]のセル[1]は同じものですが、Bセルとしてアニメーションフォルダー[B]のセル[1]に描かれた人物が増えています。尺もこちらのカットでは、1秒12フレームにしています。そして、「カット2」では、夕日を眺める少女が動きます。

このように背景やセルを兼用しながら複数のカットを作成できます。

A カット1

POINT

[アニメーション]メニュー→[タイムライン]→[タイムラインの管理]を選択すると、「タイムラインの管理」ダイアログが表示され、タイムラインの一覧を表示しながら、それぞれタイムラインの切り替えや設定変更、複製、削除、さらにタイムラインの新規作成ができます。

POINT

兼用カットのタイムラインについては、より実践的な解説を筆者のPIXIV FANBOXに掲載しています。

兼用カットのタイムラインについて_v1
https://yotube.fanbox.cc/posts/1851507

B カット2

クリップの操作

CLIP STUDIO PAINTでは、1つのつながったタイムラインのかたまりを「クリップ」と称します。1つのタイムライン上で複数のクリップを作成しておけば、クリップ間に空白を作ったり、一定の空白後に同じ動きをするアニメーションを作成したりといったことができます。

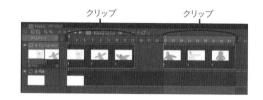

クリップの操作は、[アニメーション]メニュー→[トラック編集]から下記を選択できます。

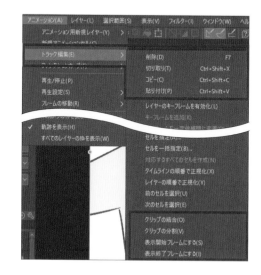

- **クリップの結合**…選択した複数のクリップを結合する。間に空白があった場合は、前にあるクリップの最後尾のフレームが延長される。
- **クリップの分割**…タイムライン上で選択しているフレームでクリップを分割する。
- **表示開始フレームにする**…フレームに対して、クリップの開始位置を設定する。
- **表示終了フレームにする**…フレームに対して、クリップの終了位置を設定する。

また、クリップを選択した状態であれば、[アニメーション]メニュー→[トラック編集]の[削除][切り取り][コピー][貼り付け]の操作をクリップに対して行えます。

POINT

タイムライン上のクリップのやや上方にマウスカーソルを合わせると🖑に切り替わるので、その状態でクリックすると、クリップを選択できます。
Shift キー（もしくは、Ctrl キー）を押しながら選択すると、複数のクリップを選択できます。

サムネイルの表示変更

タイムラインパレット左上の[メニュー表示 ≡]→[サムネイルのサイズ]から、タイムライン上に表示するアニメーションセルのサムネイルのサイズを変更できます。サイズは、「なし」「最小」「小」「中」「大」「最大」の6段階から選択できます。デフォルトでは「大」に設定されています。

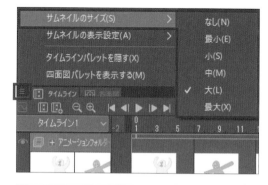

POINT

[メニュー表示 ≡]→[サムネイルの表示設定]では、アニメーションフォルダーのみサムネイルを表示したり、透明部分をサムネイルにも表示させたりといった設定ができます。

サムネイルを「なし」
に設定した場合

2 アニメーションセル（レイヤー）の応用

フォルダーを作成してレイヤーを挿入

［レイヤー］メニュー→［フォルダーを作成してレイヤーを挿入］を実行すると、単一レイヤーのアニメーションセル（以降：セル）をレイヤーフォルダーに切り替えることができます。

たとえば、ラフとして描いたものを清書したいといった場合には、ラフを描いたセルを切り取ってアニメーションフォルダー外へ貼り付けるか、別のアニメーションフォルダーとセルを作成するといったことになりがちです。

そこで、この［フォルダーを作成してレイヤーを挿入］を実行すると、選択していたセルと同一名称のフォルダーが作成され、セルがフォルダーの中に格納されます。アニメーションフォルダー内で新規フォルダー作成をすると、新規セルとして作成されるのですが、［フォルダーを作成してレイヤーを挿入］であれば、セル番号とセルを維持したままフォルダーに切り替えることができます。そのため、あらたに作成されたフォルダーの中で新規レイヤーを作成し、ラフをそのままに清書するといったことも可能となります。

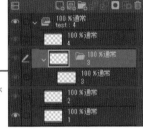

セルと同一名称のフォルダーが
作成され、セルを格納

アニメーションフォルダー外のレイヤーをアニメーションセルにする

p.19で説明したように、アニメーションフォルダー外のレイヤーはセルとして見なされません。逆をいえば、アニメーションフォルダーの外にあるレイヤーを、アニメーションフォルダー内に入れてしまえば、セルとすることができます。

CLIP STUDIO PAINTでのアニメーション制作は、アニメーションフォルダー内にあるセルと、タイムライン上の指定が一致することで絵が切り替わるという仕組みです。

たとえば右図のように、アニメーションフォルダー外にある「レイヤー1」も、アニメーションフォルダー内に格納することで、タイムライン上のセル指定が可能となり「レイヤー1」を指定することで、タイムライン上で表示することもできます。

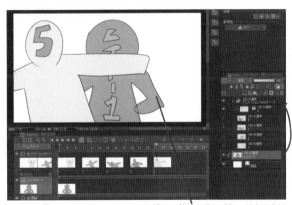

アニメーションフォルダーの外にあるレイヤーはセルとは
見なされず、通常のレイヤーとして常に表示されている

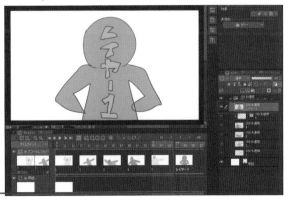

タイムラインにアニメーションフォル
ダーに入れたセルを指定する

3 ファイルの読み込み

ムービー読み込み

AVI（Windowsのみ）やMP4、QuickTimeMovieのような時間軸のあるムービーファイルをタイムライン上に読み込むことができます。
ファイルの読み込みは、[ファイル]メニュー→[読み込み]→[ムービー]を選択することで行います。
なお、読み込むファイルは、タイムライン上で選択しているフレームが開始位置となります。

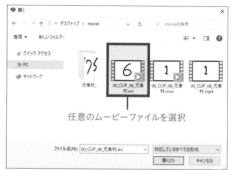

任意のムービーファイルを選択

 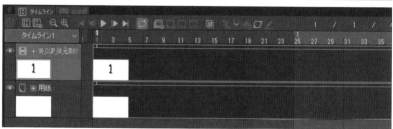

POINT

読み込んだムービーファイルの編集は、CLIP STUDIO PAINTではできませんので注意してください。

POINT

PCの環境によっては、インストールされているコーデックの関係で読み込めない場合があります。

連番読み込み

[ファイル]メニュー→[読み込み]→[画像]で任意の画像をShiftキー（もしくは、Ctrlキー）＋クリックで複数選択すると、連番画像として読み込むことができます。
アニメーションフォルダー内に読み込むことで、アニメーションセル（以降：セル）とすることもできます。しかし、画像は読み込んだだけではタイムライン上に反映されることはないので、アニメーションとして動かしたい場合は、セル指定を行う必要があります。読み込んだ画像の名称がわかりにくい場合は、[アニメーション]メニュー→[トラック編集]→[レイヤーの順番で正規化(p.32)]などでリネームして見やすくしておきましょう。

POINT

読み込んだ画像は「画像素材レイヤー」となっています。画像に加筆など手を加えたい場合は、[レイヤー]メニュー→[ラスタライズ]する必要があります。

POINT

ファイルの読み込みは、画像ファイルを直接レイヤーパレットにドラッグ＆ドロップすることでも行えます。詳細は、p.257で解説しています。

任意の画像ファイルをShiftキー＋クリックで複数選択

オーディオ読み込み

オーディオファイルを読み込んで、オーディオレイヤー（オーディオトラック）を追加できます。作成したアニメーションに音楽や音声をつけることができます。

ファイルの読み込みは、[ファイル]メニュー→[読み込み]→[オーディオ]を選択することで行います。なお、読み込むファイルは、タイムライン上で選択しているフレームが開始位置となります。タイムラインパレットにオーディオレイヤーが作成され、選択したフレームにオーディオクリップが作成されます。

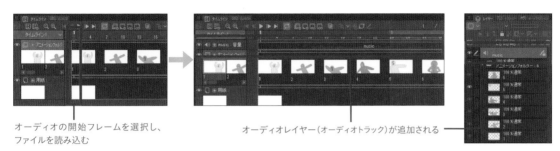

オーディオの開始フレームを選択し、
ファイルを読み込む

オーディオレイヤー（オーディオトラック）が追加される

> **POINT**
> 読み込めるオーディオファイルは、8bitまたは16bitで非圧縮の
> Wav形式、MP3形式、Ogg形式です。

▶ オーディオの編集方法

オーディオトラックでは、音量の設定とキーフレーム補間の設定をキーフレームに登録できます。キーフレームの補間は、p.51で解説しているものと同様です。下図は音量の設定をする手順になります。

1 ツールとフレームを選択する

操作ツールのオブジェクトを選択し、さらにタイムライン上で音量を調整したいフレームを選択します。

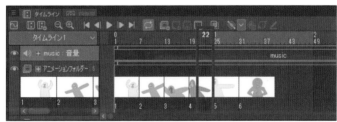

2 音量を設定する

ツールプロパティパレットで「音量」を設定します。

3 キーフレームが追加される

音量の設定と同時に、タイムライン上にキーフレームが追加されます。

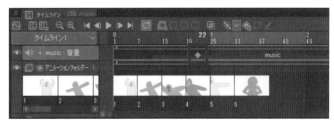

> **POINT**
> ツールプロパティパレットで「開始時刻」を設定すると、オーディオトラックを再生開始する時刻を設定できます。曲の途中から再生をしたいときに使える設定です。「開始時刻」を変更した場合、選択中のオーディオ全体に適用されます。なお、タイムラインパレットに、キーフレームは追加されません。

4 アニメーション制作に便利な設定

再生設定

アニメーション作成時にプレビュー再生はかかせません。[アニメーション]メニュー→「再生設定」で、下記項目のチェックマーク✓のオン、オフから切り替えられます。

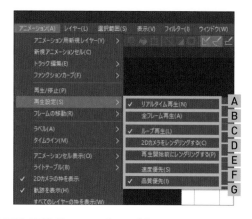

A リアルタイム再生
タイムラインで設定されているフレームレートで再生する。
しかし、画面サイズが大きかったり、尺が長い（枚数が多い）など、処理が重い場合には、フレームスキップされることがある（後述の「再生開始前にレンダリングする」で軽減される）。

B 全フレーム再生
画面サイズが大きかったり、尺が長い（枚数が多い）、といった場合でも全フレームをスキップすることなく再生する。
しかし、そのぶん再生フレームレートが低下し、再生が遅くなる（後述の「再生開始前にレンダリングする」で軽減される）。

C ループ再生
チェックを入れると繰り返し再生する。

D 2Dカメラをレンダリングする
チェックを入れるとアニメーション再生時に、2Dカメラフォルダートラック（p.54）で設定したカメラワークが反映される。

E 再生開始前にレンダリングする
再生開始前にレンダリング処理する（キャッシュを溜める）ことで、再生時のフレームスキップやフレームレートの低下を抑える。

F 速度優先
レンダリングやフレームレートのスピードを優先するが、処理が重い場合、画質が低下することがある。

G 品質優先
画質を優先するが、処理が重い場合、レンダリングやフレームレートの速度が低下することがある。

fps（フレームレート）の表示

[表示]メニュー→[再生fps表示]のチェックマーク✓を入れると、プレビュー再生時のfps（フレームレート）を、キャンバス右下に表示できます。
なお、フレームレートについての詳細は、p.81を参照ください。

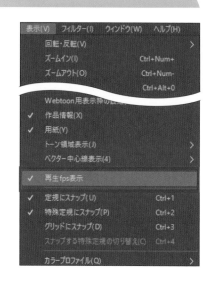

プレビュー再生時に表示される

POINT
どうしてもプレビュー再生時にフレームレートや絵が意図どおりに再生されないという場合は、「書き出し（p.56）」して確認しましょう。

ラベル機能

実際のアニメーション制作では工程が多岐に渡るため、次の作業者へのバトンタッチや、1人で作成していても原画や動画がタイムライン上で混乱したり、ということが多々あります。

そんなときに便利なのが「ラベル」機能です。ラベルには任意の文字を入力でき、編集時の目印として使えます。

ラベル機能は、[アニメーション]メニュー→[ラベル]から実行できます。

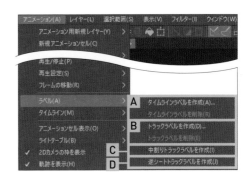

A タイムラインラベルを作成／タイムラインラベルを削除

タイムライン上にラベルを作成／削除できる。ラベルを作成したいフレームを選択し、[タイムラインラベルを作成]を選択すると、「タイムラインラベルを作成」ダイアログが表示されるので、任意の文字を入力してラベルを作成する。

B トラックラベルを作成／トラックラベルを削除

タイムラインで選択しているアニメーションフォルダー(トラック)上の選択中のフレームにラベルを作成／削除できる。[トラックラベルを作成]を選択すると、「トラックラベルを作成」ダイアログが表示されるので、任意の文字を入力してラベルを作成する。

なお、後述の「中割りトラックラベル」「逆シートトラックラベル」は、「トラックラベルを削除」で削除できる。

C 中割りトラックラベルを作成

タイムラインで選択しているアニメーションフォルダー上の選択中のフレームに「中割りトラックラベル 」を作成できる。

原画と中割り(p.82)を区別するために使う。

D 逆シートトラックラベルを作成

タイムラインで選択しているアニメーションフォルダー上の選択中のフレームに「逆シートトラックラベル 」を作成できる。

> **POINT**
>
> 「逆シート」とは、「[1]→[2]→[3]→[4]→[5]→[4]→[3]→[2]→[1]」というようにセル[1]から[5]までの動きを逆に動くようにタイムライン(シート)上で指定する技法です。

タイムラインラベル

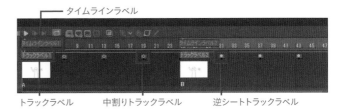

トラックラベル　　　　中割りトラックラベル　　　　逆シートトラックラベル

パレットカラーを変更

レイヤーパレットでアニメーションセル(レイヤーやレイヤーフォルダー)を選択した状態で、レイヤーパレットの左上の「パレットカラーを変更」からレイヤーパレットカラーを変更することができます。

赤を「原画」などと仕様共有をしたうえでラベルと併用することで、作業者間での理解が深まり、わかりやすくなります。

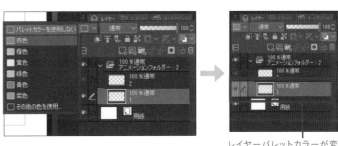

レイヤーパレットカラーが変更され、わかりやすくなる

> **POINT**
>
> 前述のように仲間と共同で制作するときはもちろん、1人で作っていてもアニメーションの制作工程では混乱が発生します。このようなラベルを使うこともいいですが、そもそもデータを扱ううえでファイル名やアニメーションフォルダー名など、誰が見てもわかるように心がけましょう。
>
> また、制作者間で名称やフォーマットなどを作成して共有することも、共同制作開始の際には重要になってきます。

テンプレート機能

画面のバランスや位置を確認しながら描く際に便利なのが「テンプレート機能」です。デフォルトのガイド線によるフレームとは別に、あらかじめ素材として用意してあるテンプレート素材を読み込むことで、ガイド線として利用できます。各セルにフレームを格納してレイアウト用紙のように使う方法もあります。

テンプレート機能は、新規キャンバス作成時に表示される「新規」ダイアログで、「カット用テンプレート」「セル用テンプレート」にチェックを入れることで設定できます。

ここでは、「カット用テンプレート」として、筆者が配布しているテンプレート(frame_template)を設定した例を紹介します。

1 「新規」ダイアログで、「カット用テンプレート」にチェックを入れると、「テンプレート」ダイアログが表示されます。そこで、読み込みたいテンプレートを選択します。
2 これでキャンバスを作成するとテンプレートが読み込まれ、あらかじめガイド線が用意された状態のキャンバスを作成できます。

> **POINT**
> テンプレート素材のダウンロード方法は、p.78を参照ください。

> **POINT**
> テンプレートを設定した状態でキャンバスを作成すると、アニメーションフォルダーとセルが作成されません。キャンバス作成後に手動で作成する必要があります。

1 テンプレートの設定

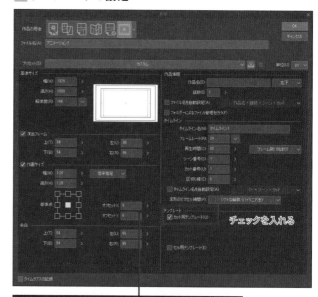

チェックを入れる

読み込みたいテンプレート素材を選択する

2 テンプレート素材が読み込まれた状態でキャンバスが作成される

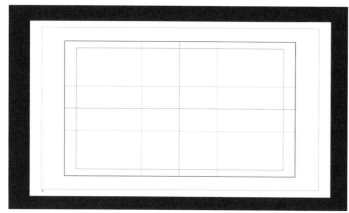

5 作画に便利な機能やツール

ツールやちょっとした機能を使うことで、アニメーション制作が一段と楽になります。とくに便利な機能を紹介します。

アンチエイリアス

アンチエイリアスとは、線のエッジをよりスムーズに処理する機能です。オフの状態の線はジャギジャギとしたエッジになります。
各種ペン、消しゴム、塗りつぶしツール、選択範囲ツール、それぞれにアンチエイリアスのオン／オフの機能があります。

> **POINT**
> アニメーション制作においては、塗りのしやすさや仕上げの撮影(コンポジット)の工程で色を抽出して処理をかけたりすることなどもあり、アンチエイリアスを「オフ」にして制作し、撮影(コンポジット)でスムージング処理をかけることが一般的です。

A 各種ペン、消しゴム、選択範囲ツール

ツールプロパティパレットの「アンチエイリアス」から、アンチエイリアス「無し ❀」「弱 ◉」「中 ◉」「強 ◉」を選択できる。一番左の「無し ❀」がアンチエイリアス「オフ」の状態になる。

アンチエイリアス「オフ」で制作した絵

> **POINT**
> 各種ペンツールは、好みのものや作風や作品の仕様に則って使いましょう。
> 本書の例は、アンチエイリアスを「無し ❀」にした「Gペン」がほとんどです。

B 塗りつぶしツール

ツールプロパティの「アンチエイリアス」にチェックを入れれば「オン」、チェックを外せば「オフ」となる。

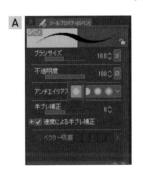

スムージング (フィルター)

CLIP STUDIO PAINTでは、スムージング処理をかけることもできます。
[フィルター]メニュー→[ぼかし]→[スムージング]を実行すると、アンチエイリアス「オフ」で描いたジャギジャギとした線がなめらかなエッジになります。

> **POINT**
> [フィルター]メニュー→[ぼかし]には、ほかにもぼかし処理を加えられる「ガウスぼかし」などの機能が用意されています。

塗りつぶしツール

ツールパレットから選択できる「塗りつぶしツール」には、さまざまな機能が備わっています。とくに次に紹介する3つの機能は、アニメーション制作において非常に便利なものです。

▶ 隙間閉じ

「ツールプロパティパレット」の「隙間閉じ」にチェックを入れることで、ちょっとした隙間を無視して塗りつぶせます。右側のゲージから認識する隙間の範囲調整ができます。

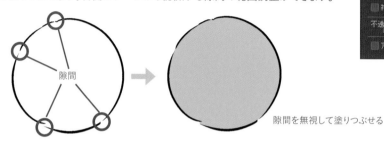

隙間を無視して塗りつぶせる

▶ 他のレイヤーを参照、複数参照

通常、線画の下に塗り用のレイヤーを作成して塗りつぶそうとした場合、そのままでは、線画の範囲は関係なく作成したレイヤー全体が塗りつぶされてしまいます。
こういった場合、塗りつぶしたい範囲(この場合は線画の内側)の選択範囲を作成するなどしないと思った箇所が塗れず、作業に余計な手間がかかります。

塗りつぶしたいレイヤーを選択

線画の下に作成したレイヤーを塗りつぶす

そこで、塗りつぶしツールの「他レイヤーを参照」を選択 1 、もしくは、ツールプロパティパレットで「複数参照」にチェックを入れる 2 ことで、レイヤーパレットで線画のレイヤーを選択していなくても、線画を参照して塗りつぶせます。

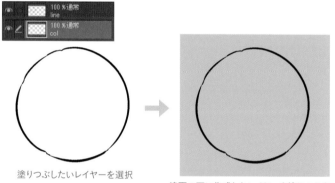

POINT
「複数参照」は「すべてのレイヤー」「参照レイヤー」「選択されたレイヤー」「フォルダー内のレイヤー」から選択できます。

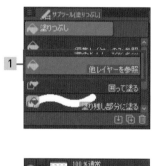

塗りつぶしたいレイヤーを選択

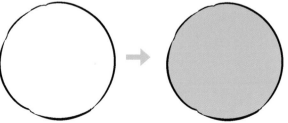

線画の下に作成したレイヤーを塗りつぶす

▶ **塗り残し部分に塗る**

塗りつぶしツールの「塗り残し部分に塗る」は、塗りつぶしきれなかったピクセルの隙間
などをブラシでなぞるようにすることで塗りつぶすことができるツールです。

たまたま線で囲われて塗りつぶせなかった部分や人物の髪の毛先などを塗る際に便
利なツールです。

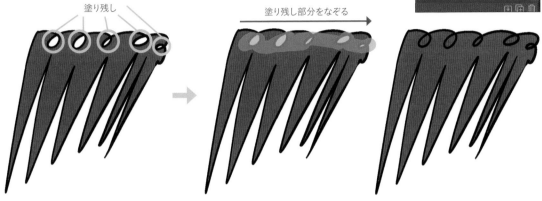

塗り残し　　　　　　塗り残し部分をなぞる

POINT

「塗り残し部分に塗る」のツールプロパティ
パレットの「対象色」タブから、塗りつぶす部
分の詳細を設定することができます。
また、「複数参照」にチェックを入れることで
状況に応じた使い方ができます。

図形ツールと定規ツール

図形ツールを使えば、直線や円といった形を簡単に描けます。定規ツールを使えば、
作画のガイドとなる定規を作成できます。

1 「**直接描画**」グループ
を選択

▶ **直線、楕円**

図形ツールの「直接描画」グループには、直線や円といった図形を描くためのツールが
用意されています。

1 「直接描画」グループの選択は、サブツールパレット上部のタブから変更できます。

2 サブツールパレットで「直線」や「楕円」といったツールを選択し、キャンバスをドラッ
グするだけで直線や円を簡単に描くことができます。

POINT

「直線」で Shift キーを押しながらドラッグすると、綺麗な直
線（45°刻みで角度を変更できます）を、「楕円」で Shift キーを
押しながらドラッグすると正円を描くことができます。

2 直線や円を描く

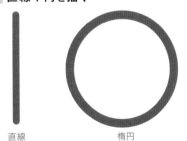

直線　　　　　　　　楕円

▶ 特殊定規

定規ツールには、作画のガイドとなるさまざまな定規が用意されています。ここでは、その中の1つである「特殊定規」を紹介します。
なお、p.251、p.255での使い方も併せて参照ください。

1 「特殊定規」を選択します。
2 ツールプロパティパレットで作成したい定規の形を「特殊定規」のプルダウンメニューから選択します。ここでは「同心円」を選択しました。
3 キャンバスをドラッグして定規を作成します。
4 これで、定規に沿った線が引けます。

1 「特殊定規」を選択

2 特殊定規の設定

POINT
定規は各アニメーションフォルダー、セル(レイヤー)ごとに作成できます。

3 定規を作成

4 定規に沿った線が引ける

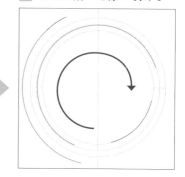

拡大・縮小・回転

[編集]→[変形]→[拡大・縮小・回転([Ctrl]キー+[T])]を実行すると、画像に上下左右、四辺にハンドル⬚のある「バウンディングボックス」が表示されます。バウンディングボックスを操作して、画像の変形編集を行っていきます。

POINT
同じバウンディングボックスでも、ライトテーブルレイヤーのもの(p.43)とはハンドルの形が違うので注意してください。

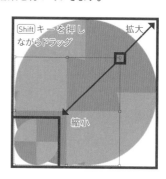

▶ 拡大、縮小

ハンドルにマウスカーソルを近づけると、カーソルが⤢↔のような形状に変わります。その状態でドラッグすると、画像の拡大や縮小ができます。
なお、[Shift]キーを押しながらドラッグすると、縦横比を保ったまま変形することができます。

▶ 回転

マウスカーソルが⤾のような形状に変わったところでドラッグすると、画像の回転ができます。

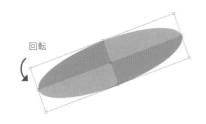

回転

POINT
ほかにも、「左右反転」「上下反転」「自由変形(p.186)」や「メッシュ変形」といった変形操作もあるので、用途に応じて試してみてください。これらはすべて、[編集]メニュー→[変形]から実行できます。

「メッシュ変形」は、画像をメッシュ(網目)状に分割したハンドルを作成し、それを操作することで部分ごとに変形できる

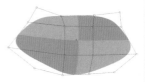

キャンバスの操作（移動、回転、ズームイン、ズームアウト）

キャンバスの画面上の表示を調整できます。紙を描きたい方向に回転させたりするイメージです。これは、実際に描かれた絵を編集しているわけではなく、あくまで作画しやすいようにキャンバスの表示を調整するだけの操作です。

A キャンバスの移動

Space キーを押しながらキャンバスに触れることで、「ハンド🖐」状態となり、キャンバスをウィンドウ内で移動できる。

ハンド状態で移動したい方向にドラッグ

B キャンバスの回転

Shift キー＋ Space キーを押しながらキャンバス上をドラッグすることで、キャンバスの回転ができる。

回転

C キャンバスのズームイン

Ctrl キー＋ Space キー＋右方向へドラッグでキャンバスのズームインができる。

右方向へドラッグ

D キャンバスのズームアウト

Ctrl キー＋ Space キー＋左方向へドラッグでキャンバスのズームアウトができる。

左方向へドラッグ

POINT

iPadなどのタブレットデバイスの場合、スワイプ（指でなぞる）、ピンチイン・アウト（指でつまむ、広げるように動かす）などでこれらの操作ができます。

POINT

こういった、 Ctrl 、 Shift 、 Alt 、 Space キーとマウスのクリックやドラッグ、ホイール操作などを組み合わせた操作を「修飾キー設定(p.76)」することができます。

パース定規

CLIP STUDIO PAINTでは、パース定規の機能で、パースに沿った線を引くためのガイド線を作成できます。

なお、パースに関しての詳細は、p.94を参照ください。

1 ［レイヤー］メニュー→［定規・コマ枠］→［パース定規の作成］を選択すると、「パース定規の作成」ダイアログが表示されるので、作成したパース（透視図法）のタイプにチェックを入れて「OK」ボタンをクリックします（ここでは、「1点透視」を選択しました）。

2 パース定規が作成されます。これで、パースに沿った線が引けるようになります。

POINT

パース定規の位置や消失点、アイレベルの変更などは、パース定規のハンドルをドラッグすることでできます。ほかのツールで作画中は、 Ctrl キーを押しながらパース定規に触れることで、ハンドルが表示されます。

ハンドル

1 ダイアログで設定

2 パース定規が作成される

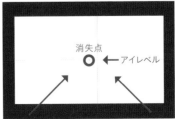

消失点

←アイレベル

1点透視図のパース定規

6 ショートカット／修飾キー設定

Chapter1で解説してきたCLIP STUDIO PAINTの機能は、アニメーション制作においてよく使うものばかりです。とくに、タイムラインパレットの機能（p.25）やライトテーブル機能（p.38）はアニメーション制作時に繰り返すことになるので、それぞれキーボードのボタンのみで実行できるように設定しておいたほうが、作業効率が格段にアップします。
CLIP STUDIO PAINTでは、「ショートカット設定」と「修飾キー設定」で、よく使う機能をキー操作で実行できるようにしておけます。

POINT

デフォルトの設定でもいくつかのショートカットや修飾キーは用意されているので、よく使う機能は手癖で使えるように覚えてしまいましょう。また、デフォルトの設定を自分好みに変更することもできます。

▶ ショートカット設定

［ファイル］メニュー→［ショートカット設定］からキーボードショートカットの設定が行えます。設定領域（設定項目）は「メインメニュー」「オプション」「ツール」「ポップアップパレット」「オートアクション」の5つです。それぞれ、ショートカットキーを設定したい項目を選択して、キーを割り当てていきます。

▶ 修飾キー設定

Ctrl、Shift、Alt、Spaceキーを押し続けたり、さらにマウスのクリックやドラッグ、ホイール操作などを組み合わせたものは「ショートカット設定」とは別に「修飾キー設定」として設定することができます。キャンバスの移動や回転といった操作やペンツールのサイズ変更、キーを押している間ツールを一時変更するといったこともできます。
設定には、「共通の設定」と「ツールの処理別の設定」があり、それぞれ下記のような違いがあります。

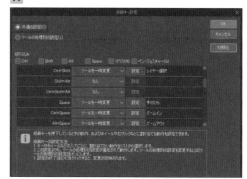

A

A 共通の設定

どのツールを選択していても共通の操作ができる修飾キーの設定。

B ツールの処理別の設定

ツール（サブツールパレットで選択できるツール）ごとに、修飾キーを細かく設定できる。たとえば、「Gペン」を選択中に、Altキーを押し続けると「スポイト」に切り替わるなど。

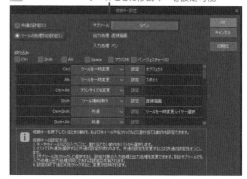

B ツールごとに修飾キーを設定可能

POINT

アニメーション制作は、とくに機能の実行やツールの切り替えといった手数が多いので、ショートカットキーや修飾キーの設定は必須といってもいいでしょう。設定に正解はないので、自分が作業しやすいものを試行錯誤して見つけてください。

7 クイックアクセス

クイックアクセスパレットに登録したツールやメニューなどの機能を即座に実行できます。ショートカットに似た機能ですが、キーボードを使わずにクイックアクセパレットから実行できるので、iPadなどのタブレットデバイスやタッチ機能のある液晶タブレットなどでとくに便利な機能です。
クイックアクセスパレットは、[ウィンドウ]メニュー→[クイックアクセス]から表示できます。

登録してある機能をクリックするだけで即座に実行できる

機能の登録

クイックアクセスパレットの[メニュー表示 ☰]→[クイックアクセス設定]、もしくはパレットの最下部にある「クイックアクセス設定」を選択することで、あらたに機能を登録できます。

「クイックアクセス設定」を選択

「クイックアクセス設定」ダイアログが表示されるので、パレットに追加したい機能を選択
※ここでは「新規アニメーションセル」

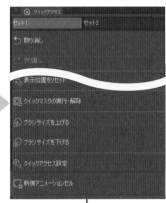

クイックアクセスパレットに機能が追加される

セットの編集

クイックアクセスパレットは、作業用途や工程に応じて「クイックアクセスセット」を編集しておくと便利です。登録した機能の位置の並べ替えや複数のクイックアクセスセットを用意しておくこともできます。

デフォルトでは、登録してある機能を Ctrl キー＋ドラッグすることで位置を並べ替えられる

クイックアクセスセット

セットのタブを右クリックすると、[セットを作成]でセットの新規追加、[セット設定]でセットの名称変更、[セットを削除]を実行できる。

POINT

クイックアクセスパレットは、描画色やオートアクションなどかなり多岐にわたる機能を登録でき、それをワンタッチで実行できるので、自分のスタイルや作業工程によってセットを分けるなど柔軟なカスタマイズができます。

1 ポータルアプリケーション「CLIP STUDIO」を起動します（CLIP STUDIO PAINTではありません）。そして、「CLIP STUDIO ASSETS 素材をさがす」をクリックします。

2 「CLIP STUDIO ASSETS」の画面が表示されるので検索ワードを入力して素材を検索します。ここでは、筆者が作成したアニメーション用のテンプレート素材「frame_template」を検索しました。すると、検索結果が表示されるので、欲しい素材をクリックします。

3 素材の詳細ページが表示されるので、「ダウンロード」ボタンをクリックします。これで、素材がダウンロードされ、CLIP STUDIO PAINTで使えるようになります。

POINT

素材のダウンロードには、「CLIP STUDIOアカウント」でログインする必要があります。CLIP STUDIOアカウントの登録は、下記CLIP STUDIOアカウントのWebサイトから行えます。

CLIP STUDIOアカウント
https://accounts.clip-studio.com/

1 ポータルアプリケーション「CLIP STUDIO」を起動して「素材を探す」をクリック

「CLIP STUDIO」を起動

クリック

2 素材を検索

クリック

3 素材をダウンロード

クリック

4 ダウンロードした素材のCLIP STUDIO PAINT上での確認、使用は、「素材パレット」の「ダウンロード」の項目から行います。

4 素材パレットで素材の確認

POINT

「素材パレット」が表示されていない場合、[ウィンドウ]メニュー→[素材]から表示したい項目を選択します。

ペンなどの素材は、「素材パレット」から「サブツールパレット」にドラッグ＆ドロップすることで使えるようになります。

素材をダウンロードしたのに表示されない場合は、CLIP STUDIO PAINTを再起動してください。

アニメーションの基本

知っておくべきアニメーション用語やその意味、そして、筆者が先人に教わり、実践して培ってきた「動きを創る」うえでの基本的な考え方やコツを解説します。ここで学んだことを発展・進化させ、自分なりの「アニメーション」を模索してください。

1 | アニメーションの基礎知識

はじめに、制作するうえで知っておきたいアニメーションの用語、そして、原画や中割り、タイムシート、タメツメなど「動きを創る」うえでの基礎の基礎となる事柄を解説していきます。どんなアニメーションを制作していても関わってくるものばかりなので、きちんと身につけましょう。

1 アニメーションは静止画の連続から生まれる

アニメーションを含む映像全般は、静止画の連続を脳が補完し、動いていると認識する目の錯覚（ファイ現象）を利用した表現技法です。映画フィルムも1コマずつでは、あくまで個別の静止画ですが、それを連続して映写することで、見る側は動いていると認識することができます。

ファイ現象

POINT

描いた絵を連続してめくることで動いて見える「パラパラ漫画」も十分にアニメーションといえるでしょう。

馬が走っているな！

映像表現の中のアニメーション

映像という大きな表現の枠組みの中の1つがアニメーションであり、アニメーションの中にも人形やクレイなど実写の要素を用いた手法は多くあります。実写映画であっても特撮の光学合成やCG合成などがあり、アニメーション技術と実写は、切っても切り離せないものです。

そして、それらの映像コンテンツは、現在あらゆるメディアで目にすることができます。

例）映像の中のアニメーション

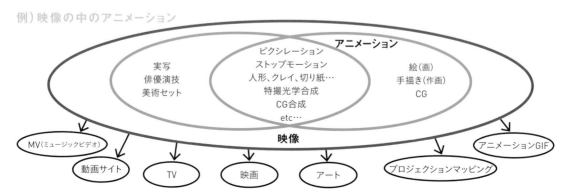

2 フレームレートは「1秒あたりのフレーム数」

前述のとおり、アニメーションは静止画の連続でできています。そして、静止画つまり、「フレーム(コマ)」の連続が1秒間あたり何枚なのか、というのが「フレームレート」と呼ばれるものです。

フレームレートの単位「fps」

フレームレートの単位は「fps(frame per second)」、つまり「フレーム(frame)／秒(second)」のことです。単純にフレームの枚数を表すのではなく、「1秒間のフレームの枚数」を表します。

1秒間をフレーム数で割った均等のタイミングでフレームが切り替わることで、映像上での時間軸が再現されます。

たとえば、秒間2枚で切り替わる場合、フレームレートは「2」と表記されます。8枚だと「8」、24枚だと「24」、60枚だと「60」となります。

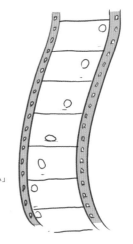

映像媒体のはじまりでもある「フィルム」で考えるとわかりやすい

フレームレートのフォーマット

フレームレートは、アニメーションに限らず、映像全般で非常に重要なため、避けては通れないものです。フレームレートは、公開する場によってフォーマット(仕様)が変わります。

現在の映画は、基本的に「24fps」で上映されています(「48fps」で上映された作品もあります)。TVなどデジタル放送のフォーマットは「30fps(29.97)」が主流です。YouTubeなどのインターネット動画サイトではどうかというと、これはアップロード者が選択可能で、現在では「60fps」まで可能です。ゲームの世界はというと、かつては「30fps」が主流でしたが、ハイスペックなハードウェアが登場したことで「60fps」やそれよりも高い「120fps」で作成されるゲームも増えてきました。

このように、さまざまなフレームレートが存在しており、作成時と公開する媒体でフレームレートが違う場合、フレームレートの変換といったことも必要になります。自分が表現したい動きが正しく再現されるように、事前に公開する媒体のフレームレートを調べましょう。

また制作する際にも、作業者間での各ソフトの設定や意識を統一しておきましょう。

POINT

TVなどのデジタル放送のフォーマットは「30fps(29.97)」が主流と説明しましたが、制作は「24fps」で行います。そして、放送用にフレームレートを変換します。

1秒間に右から左へ等速で移動する丸のフレームレートによる見え方の違い

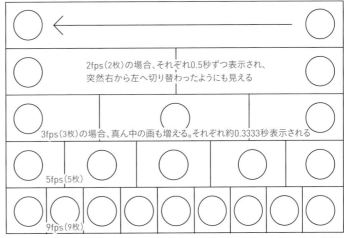

2fps(2枚)の場合、それぞれ0.5秒ずつ表示され、突然右から左へ切り替わったようにも見える

3fps(3枚)の場合、真ん中の画も増える。それぞれ約0.3333秒表示される

5fps(5枚)

9fps(9枚)

フレームレートを上げると、1秒あたりに表示できる絵が増えるため、よりなめらかな動きを表現できる

3 原画（キーフレーム）と中割り（インビトゥイーン）

「原画（キーフレーム）」とは、動きを表現、作画するうえで「鍵（キー）」になる絵、「中割り（インビトゥイーン）」とは、その間を表現するための絵となります。

アニメーションが生まれた当初、この「原画」や「中割り」といった言葉は存在していなかったのではないかと考えています。この考え方や作画工程というものは、実際にアニメーションを制作する際に大量の絵を描く必要が出てきて、その作画効率を上げるために、あるいは作業を分担したいと考えたときに、自然発生したものではないかと推察します。

つまり「この絵こそが動きのうえで重要であるといった場合」はもちろん、「この絵を描いておけば、後は次の作業者に任せられるな」、といった「鍵（キー）」となる絵を「原画（キーフレーム）」、その「間の絵」を「中割り（インビトゥイーン）」と呼ぶようになったのに過ぎないのではないでしょうか。

意味だけでなく、どうして生まれたのかを考えてみることで、実際「原画」となる絵がどれになるのか、どういった絵が必要になってくるのか、ということもわかってくるはずです。

アニメーションが生まれ、長い年月を経て大量生産するに至り、アニメーターの中での「原画」にセオリーは、ある程度存在します。

しかし、「セオリーはあっても正解はない」と筆者は考えます。

求められる演技や動きによっては、動きのすべてを原画マンが描く場合も多々あり、中割りも単純に真ん中の絵を描くというだけではもちろんできません。

こういったことも念頭に入れつつ、セオリーに縛られずに作業することが大事な点です。

原画（キーフレーム）　　　　　Chapter2 ▶ 02_001k.clip

「原画（キーフレーム）」は、読んで字のごとくですが、「鍵（キー）」になる絵とは、いったいどのような絵を指すのでしょうか。ここでは、「ジャンプ」の動きを例に見ていきます。

▶ ジャンプの原画パターンA

下図は、**1** 素の状態である原画[1]から、**2** しゃがみの原画[2]、**3** ジャンプの原画[3]です。この3枚だけでも、ジャンプの表現とわかります。

1 素の状態　　　　　　**2 しゃがむ**　　　　　　**3 ジャンプする**

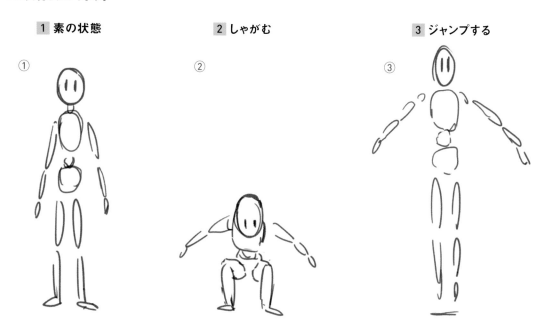

▶ ジャンプの原画パターンB

表現するときの原画だけでもさまざまなパターンを作成することができます。ひと口に「ジャンプの原画」といっても、どういった動きを表現するかによって枚数も絵も変わってきます。

下図は、パターンAのジャンプよりも大げさな表現にした場合の例です。**1** 素の状態の原画[1]から、**2** 少し伸びの予備動作の原画[2]、**3** 腕を振り上げて反動をつける原画[3]、**4** 勢いよくしゃがむ原画[4]、**5** 早い動きでジャンプする原画[5]、**6** ジャンプの頂点でポーズする原画[6]です。

1 素の状態

2 少し伸びの予備動作

3 腕を振り上げて反動をつける

4 勢いよくしゃがむ

5 早い動きでジャンプする

6 ジャンプの頂点でポーズ

中割り（インビトゥイーン）

「中割り（インビトゥイーン）」は、原画と原画との間をつなぐ絵のことです。

▶ ジャンプの中割りパターンA

p.82の「ジャンプの原画パターンA」に中割りを入れる例を見ていきます。パターンAは、原画の間に1枚ずつ入れる場合です。描いた中割りは、それぞれ原画の真ん中くらいのイメージで描きました。

原画のちょうど真ん中くらいの中割り［1a］［2a］

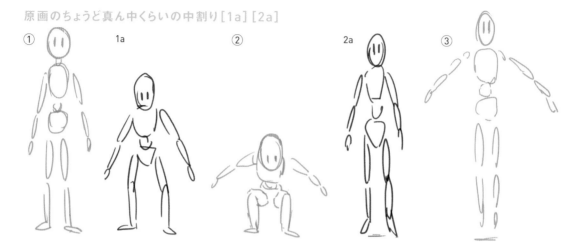

▶ ジャンプの中割りパターンB

続いて、真ん中の原画［2］に寄せたような中割りを描いていきます。よりジャンプの動きへの「タメ」(p.87)が生まれる表現です。腕の振りもややオーバーに描いたり、「1回振り上げるんじゃないか？」というイメージを取り入れています。

原画［2］に寄せた中割り［1a］［2a］

このように同じ原画の間の絵である「中割り」でもさまざまなパターンが考えられます。どちらが正しいかは、正直なところ状況によるとしかいえませんが、原画を描く原画マンは中割りに極端な振れ幅が出ないような原画を描く必要があります。
そして、中割りを描く動画マンも、演出意図や原画マンらとの意思の疎通や伝達を受けて動きを作成していくことになります。

4 タイムシートで作る絵とコマのタイミング

フレームレートのところ（p.81）でも触れたように、TVや映画のアニメ制作時のフォーマットは「24fps」が主流です。欧米のアニメは、1秒間にすべての絵を24フレームで動かす「フルアニメーション」をベースに発展してきましたが、日本のアニメにおいては24フレームの中で2コマ（フレーム）、3コマ、ときには4コマ、6コマと同じ絵を表示する「リミテッドアニメーション」として発展した側面があります。動きのなめらかさやリッチさでは、絵を1コマずつ動かす「フルアニメーション」が優勢かもしれませんが、「リミテッドアニメーション」には、絵とコマ（フレーム）双方のタイミングで作成する独特のケレン味や快感といったものがあると個人的には感じますし、それこそがアニメーションの面白さでもあると思います。

このリミテッドアニメーションならではの「絵を何コマ表示させるのか」「何コマ目にどの絵に切り替わるのか」といったことは、「タイムシート（タイムライン）」に記して決めていきます。同じ動きでも絵の枚数やタイムシートでのタイミングによって、アニメーションの印象が変わってくるのです。

リミテッドアニメーションとフルアニメーション
Chapter2 ▶ 02_003k.clip

下図は、遠くからバウンドしてきたボールが画面に一気に迫ってくるというシーンです。動きや全体のタイミング、尺は、A の「リミテッドアニメーション」、B 「フルアニメーション」ともに同じように作成しています。

A リミテッドアニメーション

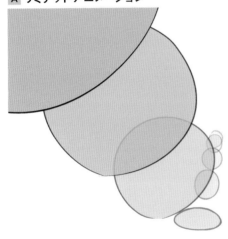

B フルアニメーション

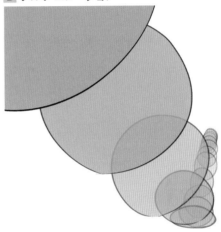

タイムライン

A は遠くのときは3コマ（フレーム）、落下時やや加速するところで2コマ、手前にくるときに1コマと絵のタイミングを変えています。3コマと1コマを混ぜることで手前に迫ってきたときの加速感がより印象的になったようにも感じられないでしょうか。

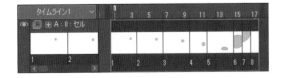

タイムライン

B は24フレームすべて1コマずつ動かしています。奥からグーッと落ちてくる感じが生々しく感じます。

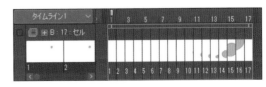

POINT

「○コマ（フレーム）打ち」とは、「同じ絵を○コマの数で配置する」という意味です。たとえば、すべての絵を2コマ打ち、といった場合は、タイムシート（タイムライン）で2コマずつ絵が切り替わっていきます。

視界の中で移動する物体は、同じスピードでも手前と奥とで見え方が異なります。たとえば、電車の車窓から眺める景色で、手前を通過する柱や通過する駅のホームなどはとても速く見え、遠くのビルや山などはゆっくりに感じられます。こういった「見え方」を、物体の移動幅やタイムシートで作成するタイミングによって表現できます。

下図は、奥のボールを A 、手前を B とします。サイズや移動幅ですでに距離感が表現されていますが、さらにそれぞれのコマ（フレーム）打ちの数を変えることで前後のスピード感の差が誇張され、距離感を演出できます。

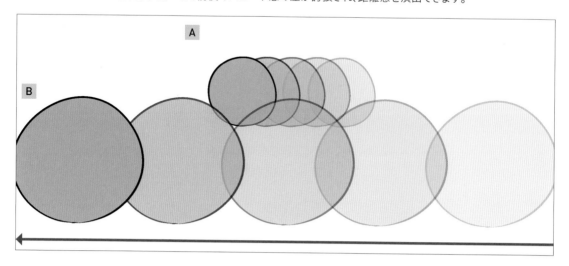

タイムライン

A は3コマ（フレーム）打ち、 B は1コマ打ちです。4フレーム目から
B が画面右から左へ抜けていきます。

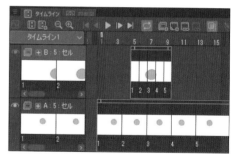

Column

現場で使うタイムシート

タイムシートには作画した絵をどういうタイミングで撮影するか（表示するか）という指示を書き記します。さらに、カメラワークや特殊な撮影効果も書き記せます。

原画から動画、そして仕上げへと、後の工程のスタッフへ正確に伝達するための役割と、制作工程管理の2つの側面があり、現在でも使われています。

絵と時間軸上の表示のタイミングを記すという意味では、CLIP STUDIO PAINTのタイムライン（p.24）がこれにあたります。

なお、時間軸はタイムシートは縦、タイムラインは横です。当初は縦に流れていくフィルムのイメージだったものが、デジタル作業が普及した昨今は、モニターの形状や映像とタイムラインを同時に見ながら作業する都合で、横のレイアウトになったのではないかと考えられます。

タイムシート

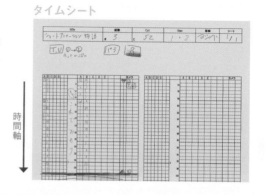

時間軸

5 動きの緩急、軌道

地球上に存在する物体の動きには、緩急、軌道といった決まりがあります。この緩急と軌道をきちんと絵で表現することで、違和感のないアニメーションとなります。物体の動きを知るには、日々の観察が不可欠です。
なぜ？　どうして？　といったことを考えながら世の中を見ることで、表現力も高まっていきます。

動きの緩急

Chapter2 ▶ 02_005k.clip

物体の動きは、常に一定のテンポではなく、緩急があります。それは、加速した物体が徐々に減速したり、勢いをつけるための溜めの動きだったりとさまざまです。アニメーションでは、このような動きの緩急を「タメ」「ツメ」と呼称します。勢いをつけるために動きを「タメ」る、減速付近では動きを「ツメ」るといいます。こうした緩急をしっかり表現することで、物理的に自然な動きであったり、ときにはそれを誇張することで、より象徴的な動きにすることもできます。これを表現しないと、途端に嘘っぽく見えてしまいます。
たとえば、右図のような左右に揺れる振り子の動き（支点での摩擦や空気抵抗はないものと考えます）は、重力によって加速と減速の動きを繰り返すものです。それぞれ左右の頂点で減速し、中央に向かって加速します。

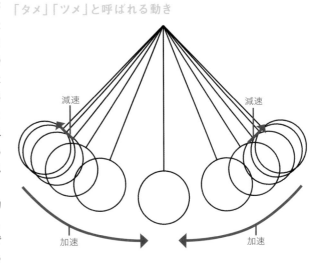

「タメ」「ツメ」と呼ばれる動き

減速　　　減速

加速　　　加速

▶ 車が停止する動きに緩急をつける

下図のように、慣性の法則により、勢いがついたもの、たとえばブレーキをかけて停止する車などは、徐々に減速して止まります。車は急には止まれません。

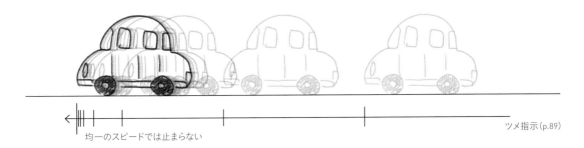

均一のスピードでは止まらない

ツメ指示(p.89)

NG

Chapter2 ▶ 02_005k_ng.clip

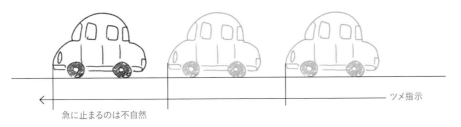

急に止まるのは不自然

ツメ指示

▶ 奥から手前に放たれたボールの緩急

今度は、こちら側に向かってくるボールを例とした「タメ」「ツメ」による緩急を見ていきます。奥のほうがゆっくりで、手前ほど速く見えるので「最初にタメて、最後は一気に迫る」ということになります。これも言葉や描くうえでの方法として、言うのは簡単ですが、実際に描こうとすると難しいと感じるのではないでしょうか。

こういった場合、人間の目やカメラのレンズの画角(p.91)の理屈、さらに野球などを実際にやって、「こちらに放たれるボールを見る」という経験があると、より説得力のある動きとしてアニメーションさせることができます。

たとえば、A のように、目には視野の角度、カメラには画角があり、いわば世界を切り取って見ています。当然、遠くのものは小さく見え、手前のものは大きく見えます。加えて、この見える角度が手前になるほど狭いため、いくら等速で向かってきていても、見ているボールはぐんぐん大きくなり、結果的に加速しているように錯覚します。

B は、画面のサイズを統一した際の、ボールのサイズ変化です。距離が手前になればなるほど、ボールのサイズに加え、その変化も大きくなっているのがわかります。

ボールを正面から見た際は、C のようになります。等速で向かってきているはずが、手前にくると一気にサイズが大きくなったように見えるのがわかります。

A 世界を切り取って見ている

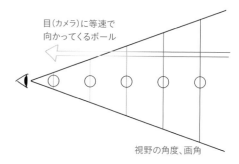

目(カメラ)に等速で
向かってくるボール

視野の角度、画角

B 画面のサイズを統一した際の
ボールのサイズ変化

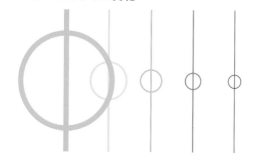

C 等速で向かってくるボールを
正面から見る

もちろん、すべてをリアルな動きで忠実に描くことが絶対ではありません。しかし、基本を知らずにあえてそこから外すということもできません。知らずにやっていると、ただの失敗となりかねない表現も、基本を知ることでコントロール可能となります。

たとえば、D のようにボールが手前にきた際に、通常よりもサイズを大きくすることでよりスピード感を出したり、一直線の軌道ではなく少しブレさせることで、目に引っかかる球威のある球のような表現にすることもできます。

これも、基本があってはじめて描くことのできるアニメーションならではの表現です。このような物の動きや見え方の理屈を知っておくと、動きをイメージする最初のとっかかりとなります。さらに、特徴を押さえて描くことで、アニメーションを見る人にも表現が伝わりやすくなるでしょう。

D リアルな動きからあえて外した
アニメーションならではの表現

物体の自然な動きは、基本的に流れるような「曲線」を描く軌道になります。

▶ 振り子の軌道

たとえば、左右に揺れる振り子の動きでは支点を中心に動くため、支点からの距離が伸びるような材質でない限り、下図のように円のような一定の軌道になります。
右のジグザグのようなバラバラの動きは、人工的な意思が伴わない限り、振り子の軌道としてありえません。

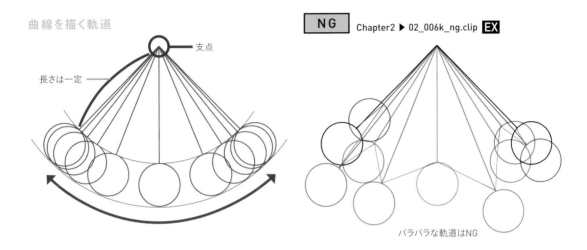

曲線を描く軌道

NG　Chapter2 ▶ 02_006k_ng.clip EX

支点
長さは一定
バラバラな軌道はNG

Column

ツメ指示

軌道のガイドと「タメ」「ツメ」の指針を示したものを「ツメ指示」といって、原画時に記しておきます。中割りをするときに、これを参照しながら描いていきます。

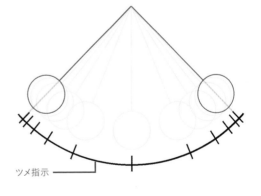

ツメ指示

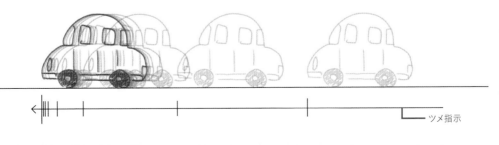

ツメ指示

▶ 2重振り子の軌道

A は、振り子の先にさらに振り子がついている2重振り子を揺らしたときの動きです。2段目の振り子は遅れてついてくるため、ぱっと見はきれいな円運動になりませんが、ジグザグではなく曲線的な動きにはなっています。

しかし、**B** のように2段目支点を1点に集めてみると、普通の振り子のようにきれいな円運動の軌道とタメツメによる緩急になっていることがわかります。

A 2重振り子を揺らしたとき　　　　　　　**B 支点を1点に**

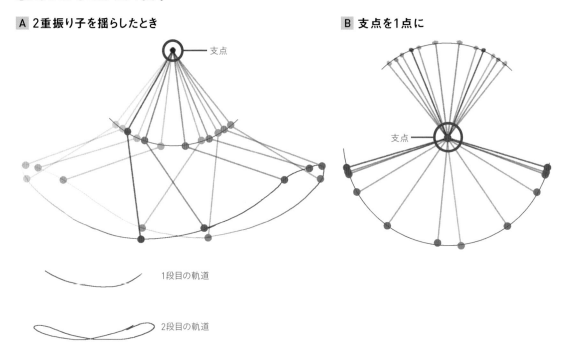

支点

1段目の軌道

2段目の軌道

支点

▶ 人間の関節

人間の関節もそれぞれを支点に動くため、各関節が円運動となり、その連続で動いています。身体のどの部分から動いているのかをきちんと考えながら描きましょう。

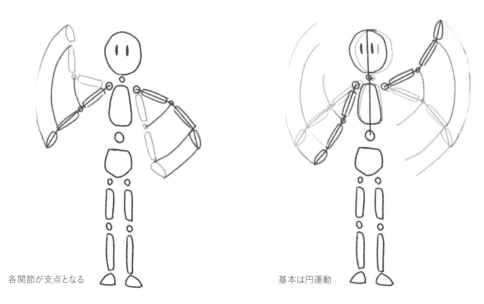

各関節が支点となる　　　　　　　　　　　基本は円運動

6 アイレベルと画角

アニメーションでは、疑似的にカメラによって撮影された画面を想定して描くため、カメラや実写映像表現の知識も必要です。そういったものについて解説するとなると、それだけで本が1冊書けるほどです。それほど奥深く、画面作りにおいて大事なことなのですが、ここではその中のアイレベルや画角といったものを簡単に解説します。

アイレベル

「アイレベル」とは、簡潔にいえば視聴者の目線の高さ(カメラの高さ)であり、水平状態であれば、そこが水平線になります。たとえば、 A のように同じ身長の人物が相対し、直立した状態でカメラを向けた場合は、相手の目線の位置にアイレベルがきます。

A 同じ身長の人物が相対し、直立した状態でカメラを向けた場合

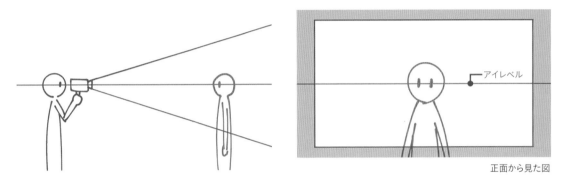

正面から見た図

B のように低くしゃがんだ状態で水平にカメラを向けた場合は、アイレベルも下がります。これは、あくまで視聴者の目線の高さ(カメラの高さ)にアイレベルがあるためです。

B 低くしゃがんでカメラを向けた場合

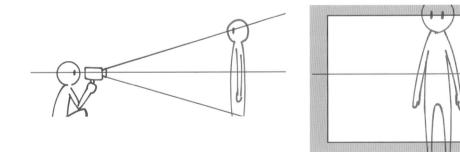

正面から見た図

画 角

画角とは、レンズの焦点距離によって変動するカメラが捉える広さです。焦点距離が長いほど画角は狭く、短いほど画角は広くなります。

A は広角レンズ、**B** は **A** よりも焦点距離の長い望遠レンズになります。
A と **B** それぞれのカメラで撮影したとき、画角の違いというのが被写体の大きさや頭の上の余白などから見て取れます。同じ位置から撮影しているのにも関わらず、見え方がまったく異なります。

A 広角レンズ

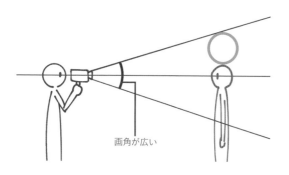

画角が広い

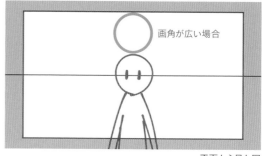

画角が広い場合

正面から見た図

B 望遠レンズ

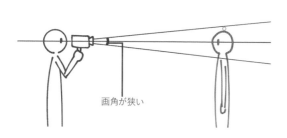

画角が狭い

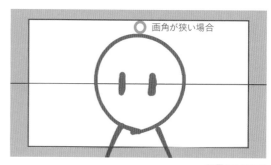

画角が狭い場合

正面から見た図

ちなみに、**A** のレンズで **B** と同じくらいの被写体のサイズで撮るためにはかなり接近しないといけません。被写体の画面占有率だけでいえば同じくらいの画面になりそうですが、レンズの焦点距離が異なるため、見え方そのものの印象は違ってきますので注意しましょう。
このように、周囲の風景も含めて被写体を見せるのか、1点を見せるのかなど、被写体をどう写すのかの狙いに応じて適切な画角を選択する必要があります。
これを理解するために、実際にカメラを持って広角レンズと望遠レンズの印象の違いのようなものを体験してみることをオススメします。

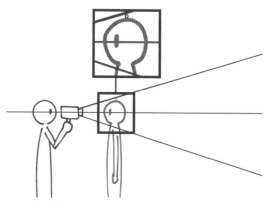

A が **B** と同じサイズで撮る場合

カメラの角度による見え方の違い

同じ位置から撮影していても、カメラを向ける角度によって印象は大きく変わってきます。
A は、目線（カメラ）を水平に向けた場合の構図です。ここからカメラの角度を変えていきます。

A 目線を水平に向けた場合の構図

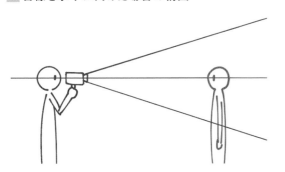
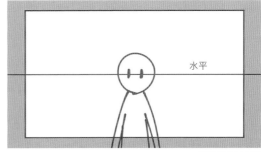

正面から見た図

▶ **アオリ**

B のように、目線（カメラ）を仰角に向けると「アオリ」と呼ばれるアイレベルより上側を見上げるような構図になります。

B アオリの構図

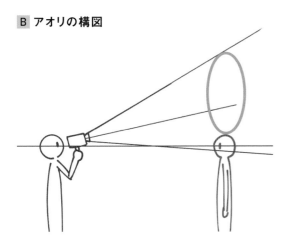
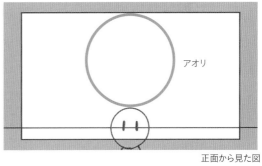

正面から見た図

▶ **フカン**

C のように、目線（カメラ）を俯角に向けると「フカン」と呼ばれるアイレベルより下側を見下ろすような構図になります。

C フカンの構図

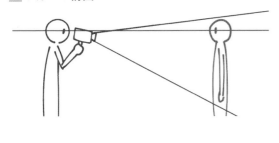
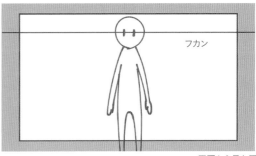

正面から見た図

ここで気をつけてほしいのが、**B** 、**C** ともにアイレベルそのものは変えずにいる点です。
一見水平線の位置が変わっているように見えるかもしれませんが、同じ目線の高さである被写体と水平線の位置関係は変わっていないので、やはり目線の高さにアイレベルがあります。

7 パース（パースペクティブ）

絵を描くうえで、遠近感や奥行きを表現する手法です。簡単に
説明すると、同じサイズの物体でも、視点から近いものは大き
く、遠いものほど小さく見えるように描く手法です。
透視図法、空気遠近法といったようないくつかの手法があり、そ
れらを総称してパース（パースペクティブ）もしくは、遠近法と呼び
ます。

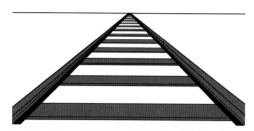

遠く（奥）へ向かうほど小さくなっていく線路

同じ幅で等間隔の線路はパースの感覚をつかむうえでわかり
やすい

透視図法

平面上で立体物を描く際に有効な手法です。アイレベル（p.91）上にある消失点に向かって集束するパース線をガイドに、
立体物を描いていきます。

▶ **1点透視図法**

アイレベル上の1点の消失点に向かって
パース線が集束していきます。消失点に
向かって正対したようなものを描く際に
有効な透視図法です。視点側に向いた
面の各辺は、アイレベルのラインに対し
て水平および垂直になります。

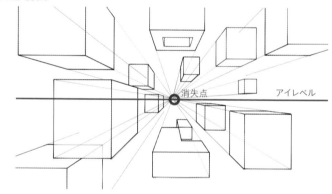

1点透視図

消失点 アイレベル

▶ **2点透視図法**

アイレベル上の2つの消失点に向かって
パース線が集束していきます。角度のつ
いた物体などを作画する際に有効な透
視図法です。

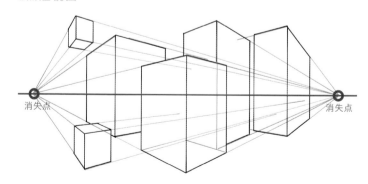

2点透視図

消失点 消失点

▶ 3点透視図法

アイレベル上の2点に加え、見上げた（見下ろした）角度に応じた3点目それぞれの消失点に向かってパース線が集束していきます。

アオリやフカン（p.93）の絵を作画するときに有効な透視図法です。

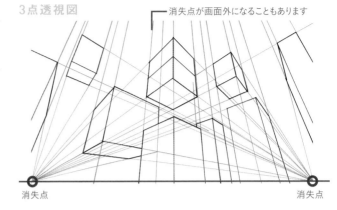

3点透視図

消失点が画面外になることもあります

消失点　　　　　　　消失点

POINT

CLIP STUDIO PAINTでは、「パース定規」を使って透視図法によるパースのついた絵を描くことができます。「パース定規」に関しては、p.75を参照ください。

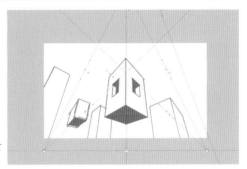

「パース定規」を使って
描いた立体物

空気遠近法

透視図法以外で遠近感を表現する手法として「空気遠近法」というものがあります。これは遠くにあるものほど大気の影響によって霞んで見えるという現象を、絵で表現する遠近法です。

遠くにある山のほうが白んで見えるように描くことで遠近感を表現する

8 誇張表現

動きの緩急や軌道といった運動の仕組みやタイミング、そしてパースといった画面作りの基礎を踏襲し、それらを誇張して描くことで、より迫力や勢いのある動きを表現できます。実写ではなかなか真似のできないアニメーションならではの表現です。また、各部位や動きを大げさに描くことによって、少ない枚数でもアニメーションとして成立させることもできます。

パースの誇張 (オーバーパース)

広角レンズで写真を撮ると、近くの物と遠くのものの画面内に占める大きさの差 (p.92) をより感じられたり、超広角になっていくほど画面端が歪んでいく現象があります。対して、望遠レンズだと距離感が圧縮され、画面内に占めるサイズ差が小さくなります。

下の4枚の写真は、超広角の魚眼レンズで撮影した写真です。丸く歪み、手前がより大きく写っており、それによって不思議な迫力と奥へ吸いこまれるような印象が生まれます。

超広角の魚眼レンズ
で撮影した写真

▶ パースの誇張を絵で表現する

このような実際のカメラ (レンズ) で起こる現象を、絵として描く際に強調した表現にすることで、より迫力のある画面にしたり、奥行きを表現することができます。

右図は、バットでボールを打ち返す瞬間の迫力をこれでもかと誇張した表現です。ボールの勢いとバットのスイングの勢いが大きさすぎるほどのパースで描かれることで、動きがなくともその迫力が伝わるかと思います。

こういった表現は、現実世界で自由自在に撮影することはなかなか難しく、まさに絵やアニメーションならではの表現といえます。

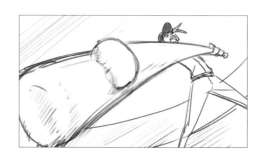

POINT

TVアニメ『巨人の星』の第83話「傷だらけのホームイン」は荒々しいタッチも相まって凄まじい迫力であり、こういった表現の先駆けといえます。

激しく手前に向かってくる走り

走りの動きの中でもポイントとなってくる踏み出しと沈み込みの絵(p.117)を、より誇張したポーズにすることで、計4枚の絵でアニメーションとして成立させています。

1 手前と奥で極端なパースをつけて1歩踏み出し、**2** 反対の手足を出すためのタメの沈み込み動作、**3** 極端なパースをつけて反対の手足を出し、**4** タメの沈み込み動作の計4枚を繰り返します。

1 1歩踏み出す

手前と奥で極端なパースをつける

2 沈み込みの動作

3 反対の手足を出して踏み出す

上下動やタメの動作で、身体が画面奥に行ったときのサイズも大胆に誇張している

4 沈み込みの動作

タイムライン

タイミングは、3コマ(フレーム)4枚のループです。激しいポーズと奥行きの表現によって、少ないポーズでも枚数を多く使った2コマなどより迫ってくる勢いが感じられます。

背景(BG)の集中線に至っては2枚ですが、この大げさな切り替えがまた勢いにつながっています。

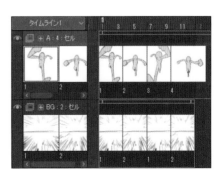

カメラに向かってパンチを繰り出す

バトルのようなアクションシーンでは、誇張表現がとくに有効です。ここでは、カメラ側（視聴者側）に向かってパンチを繰り出すシーンを誇張表現を使って描いています。**1** **2** **3** 3枚でタメの動作を描き、**4** パンチを繰り出し、**4** 拳を引きます。

1 左手を前に構え、右手に力を込めるタメの動作

2 さらにタメの動作

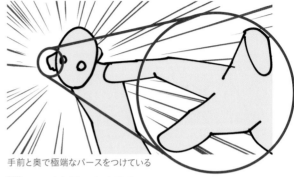

手前と奥で極端なパースをつけている

3 まだタメの動作

身体は先に前に乗り出すが、拳はまだ奥に残している。よりタメている感じと、身体と拳の奥行き感が出てくる

4 パンチを繰り出す動作

いきなり拳が画面を覆うくらいに迫っている。この動きの飛ばし具合で一気に加速した感じと迫力が出る

5 拳を引く動作

パンチからの引きの動きも速くすることで、拳が前に出ている絵は1枚ではあるが、その一瞬がより引き立ちインパクトが出る

┌ P O I N T ─────────────
このような絵ならではのパース感を巧みに表現し、躍動感のあふれる画面を生み出す代表的なアニメーターとして湯浅政明氏がいます。監督作として『マインド・ゲーム』『カイバ』『四畳半神話大系』『ピンポン』『夜は短し歩けよ乙女』『夜明け告げるルーのうた』『きみと、波にのれたら』などが有名です。
近年は、テレビアニメ『映像研には手を出すな！』を手掛け、アニメ映画『犬王』の公開が予定されています。
─────────────────────┘

タイムライン

タメの部分に4コマ（フレーム）を使い、拳を突き出した瞬間と引きの部分は2コマと、タイミングも誇張した表現になっています。絵とタイミングの誇張表現を合わせることで効果が倍増します。
このようにアニメーションでは、絵だけでなく時間軸による表現もあり、そこが面白いところです。

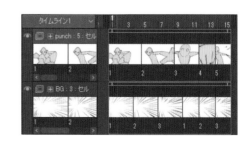

映像（アニメーション）のはじまり

エジソンが発明した「キネトスコープ」という、箱の中で上映されるフィルム映画を覗き見る装置があります。それを、フィルムで映写する「シネマトグラフ」をリュミエール兄弟が発明したことで、現在に至る映像の歴史がはじまったといえます。

箱の中でフィルムを回し、
それを覗き見る「キネトスコープ」　　　フィルムを映写し、みんなで見る「シネマトグラフ」

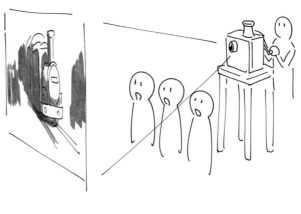

それ以前にも「幻灯機（フィルムをランプで投影する装置）」でスライドショーのように絵を切り替えて動きや物語を表現するという、一種のアニメーションのような表現も存在していました。
これには、少ない絵の切り替わりでも「見る者の想像を刺激する」ことで動いて見えたり、物語を感じられるという、「目の錯覚とそのさらに奥にある想像の錯覚」が発想としてあり、それが映像表現をしていくうえで大切であると考えています。

幻灯機による絵の切り替え

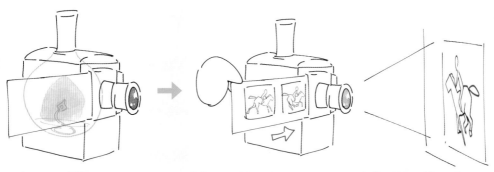

ランプの光で絵を投影する　　　　　複数の絵を手動でスライドしていくことで、さまざまな場面や連続した絵を見せる
　　　　　　　　　　　　　　　　　ことができる

2 | 地球上に存在する物体の性質と動き

地球に存在するものは、大小さまざまな性質を持っています。また、重力や大気の影響により、同じものでも動きや表情を変えていきます。アニメーションを制作するうえで、こういった現象の知識を正しく捉えておくことは、動きに説得力を持たせるうえで大切です。

1 跳ねるボール

シンプルな「丸」を動かすだけでもさまざまな表現やキャラクター性を出すことができます。落下して地面を跳ねるボールの動きから「緩急」「加減速」「重力」表現の基本を見ていきましょう。

やわらかくて軽いボールの動き　　　　Chapter2 ▶ 02_009k.clip EX

物が跳ねるという単純かつ基本的な動きでも、動かし方1つで「軽いのか重いのか」「やわらかいのか硬いのか」といったことが表現できます。

まずは、「やわらかくて軽いボール」を落下させ、地面にぶつかって跳ねたときのアニメーションを見ていきます。なお、ほぼ垂直に落下しているものとします。

1 ～ 2 最初の落下時にボールが大きくつぶれて勢いよく跳ねていることで、やわらかくて軽いボールであることが表現できています。跳ねたときのエネルギーが重力と拮抗していくため 2 の頂点付近でだんだん減速して動きが「ツメ」られ、「タメ」が生まれます。

3 重力に引っ張られることで落下しはじめ、加速していきます。

4 ～ 8 だんだんと勢いが減衰していくため、跳ねる高さが小さくなっていきます。

9 最後に、静止するときにその場で止まらず、少し転がったりすると自然ですね。

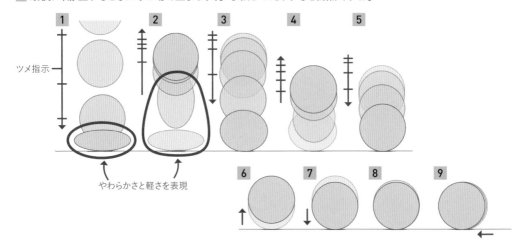

タイムライン

24枚の絵で構成しています。基本は2コマ（フレーム）打ちですが、4枚目の地面にぶつかる絵、8枚目の頂点の絵を3コマにしてタメを作成し、緩急をつけています。

続いて「硬くて重いボール」を見ていきます。
1 〜 **2** 落下時に変形することもなく、ほぼ跳ねないことから非常に硬くて重いボールであることがわかります。
3 〜 **4** 非常に重いため2回目以降は跳ねることなく、少し転がって静止しました。

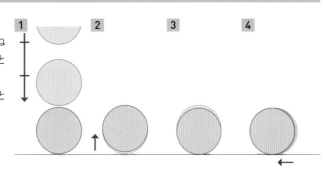

タイムライン

8枚の絵で構成しています。基本は2コマ（フレーム）打ちです。やわらかくて軽いボールと違い、跳ねたときの上下の変化が少ないため、タメの動きをとくに作成していません。

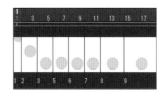

このように同じ丸でも動かし方によって違いが出てきます。
また、ボールの種類だけでなく地面などぶつかる対象によっても跳ね方は変わってくるので、それらをイメージしながらアニメーションを制作することが重要です。

NG1

Chapter2 ▶ 02_009k_ng.clip **EX**

跳ねたときの加減速や頂点でのタメがないと、跳ねる高さが徐々に小さくなっていたとしても不自然です。

いきなり勢いがなくなり静止してしまうのも不自然

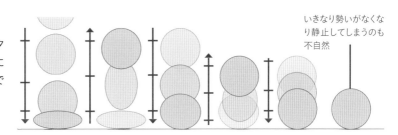

NG2   Chapter2 ▶ 02_009k_ng2.clip **EX**

1回目のバウンドよりも2回目のほうが高く跳ねるということは、物理的にあり得ません。基本的に、跳ねる力はだんだんと減衰していくものなので、地面の材質が突然変わるなどしない限り、このようにはならないでしょう。

2回目のほうが高く跳ねるのは不自然

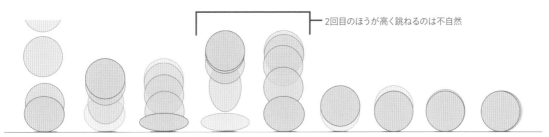

2 落ち葉、花吹雪

地球には重力のほかに、目には見えない空気や気流の影響があります。それを上手に表現することで、アニメーションとしての説得力が増します。
落ち葉や風に舞う花びらの動きで「空気抵抗」「気流」の影響を見ていきましょう。

落ち葉の動き

Chapter2 ▶ 02_011k.clip **EX**

木から落ちる葉や宙を舞う花びらの不規則な動きは、目に見えない空気や気流の影響によるものです。

A まず、空気抵抗のない真空状態での物の動きを見てみます。真空管に重いボールと軽い葉を同時に落下させた想定です。空気抵抗がないと、このように重い物も、軽い物も同じスピードで真っ直ぐ落下します。

B 空気抵抗や風のある状況下では、どうでしょうか？ 重いボールは、空気抵抗や風の影響をほとんど受けませんが、軽い葉は大きく影響を受けます。

ここでは、落ち葉の動きの一例を紹介します（あくまで一例です）。

A 真空状態での物の動き

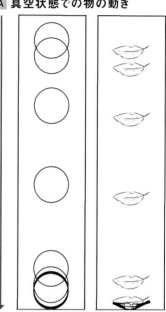

同じ速度で落下する

B 空気抵抗、風のある状況での物の動き

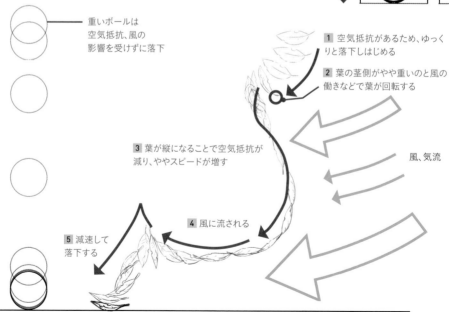

重いボールは空気抵抗、風の影響を受けずに落下

1 空気抵抗があるため、ゆっくりと落下しはじめる

2 葉の茎側がやや重いのと風の働きなどで葉が回転する

3 葉が縦になることで空気抵抗が減り、ややスピードが増す

4 風に流される

5 減速して落下する

風、気流

タイムライン

26枚の2コマ（フレーム）打ちです。絵のほうで緩急を描き分けています。

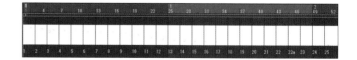

花吹雪は、アニメーションに華やかさを加える定番の演出です。描くコツとしては、画面全体での動きのバランスを取りつつも、そのうえで「花びら個々の流れを意識する」ことが重要となります。

風は、2次元的に吹いているわけではありません。手前から奥、奥から手前、それこそ四方八方へと空間的に吹いています。なので、風の方向を決めつけず、大まかな流れだけを意識しておきます。

花びらは個々に形状が異なるため、すべてが同じ動きをすることはなく、多少不規則性を入れるといいでしょう。

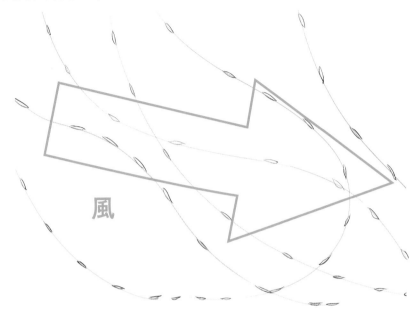

タイムライン

全体としての動きはとりつつも、個々の花びらでタイムラインを作成しています。

動きの開始フレームもバラバラです。

花びらの流れる速度や絵の枚数は、風の強さやどういう印象を持たせたいのかによっても変えるといいでしょう。

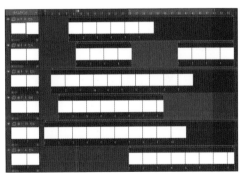

NG   Chapter2 ▶ 02_012k_ng.clip **EX**

たとえ風が一方向に吹いていたとしても、
右図のような一定の動きにはなりません。

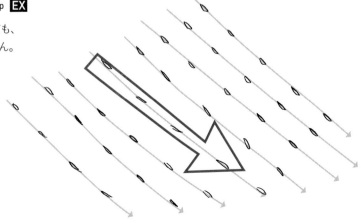

地球上に存在する物体の性質と動き

3 | 流体（液体・気体）

水のような液体、煙や雲といった気体のような「流体」には明確な形がありません。こういった物は、描くのが難しいという
イメージがあるのではないでしょうか。

これらの動きを考えるうえで、それぞれの性質や特性を少なからず知る必要があります。逆に知っておけば違和感なく描
くことができるでしょう。

ボールなどの落下にしても同様ですが、現実に即した動きを描く場合、法則性を知ることや日々の観察が重要です。

液体（水）の表面張力

液体には、表面張力というくっつきあって丸く縮こまろうとする性質があります。液体の種類によって個体差はあります
が、水は表面張力の大きい物質です。

宇宙などの無重力下での実験映像を見ると、容器から出した水が丸い液体の塊として宙に浮いています。

地球上の重力下では容器から出すと重力がありますので、当然下にこぼれてしまいますが、弾けた小さな滴は丸い水滴と
なっています。ちなみに雨はいわゆる「しずく型」のイメージが強いですが、実際は丸い状態で降ってきています。

さまざまな表面張力

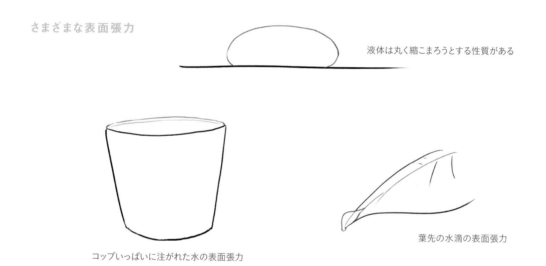

液体は丸く縮こまろうとする性質がある

コップいっぱいに注がれた水の表面張力

葉先の水滴の表面張力

Column

無重力下での水

容器に入っている水を出そうと思った場合、無重力下では圧力をかけない
とそもそも容器から出てきません。
容器から出た水は、表面張力で丸くなります。

容器に入った水をこぼす

容器に入った水を地面にこぼした場合のアニメーションで、水の性質を見ていきましょう。

1 水は蓋を開けて傾けた容器から出てくるとき、表面張力によって盛り上がります。

2 下に引っ張られる重力に耐えきれなくなった水は、空気と入れ替えに容器から出てきます。

3 **4** 容器に入った空気は、水よりも軽いので上に向かっていきます。水位は変わっても、容器内での水面は地面に対して水平です。

5 **6** **7** 地面にぶつかった水は跳ね、表面を広がっていきます。

8 **9** 水面には、波が発生します。波のエネルギーは、中心から離れるほど弱くなります。

10 **11** 水が流れ終わったあとに小さな水滴を垂らしたりすると、よりリアリティが出ます。

P O I N T

海の波も最初のきっかけは、風によって起こる水面の
波が大きな集合となって起きているといわれています。

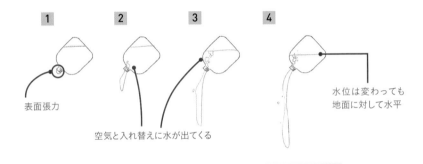

表面張力

空気と入れ替えに水が出てくる

水位は変わっても
地面に対して水平

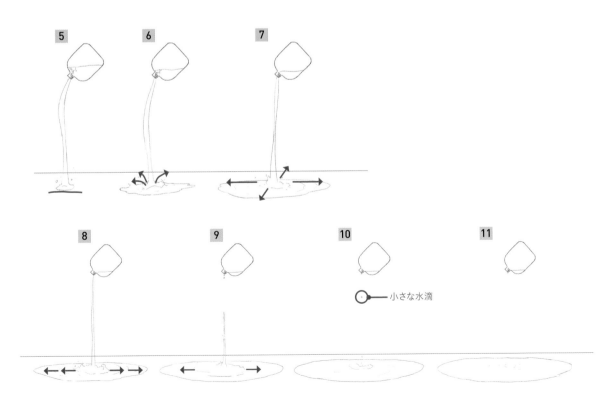

小さな水滴

気体も液体とは異なる流体です。気体そのものは目には見えませんが、煙や雲などは小さな微粒子が含まれることによって可視化されます。

動きの性質としては、放出、出現した気体は拡散していきます。周囲より重いものが下降し、軽いものが上昇します。さらに、温度の高低差によっても上昇下降します。

煙突から立ちのぼる煙

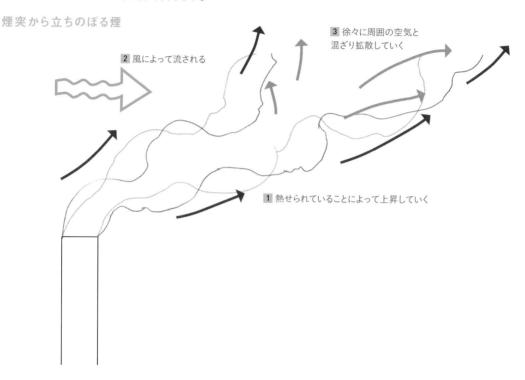

2 風によって流される

3 徐々に周囲の空気と混ざり拡散していく

1 熱せられていることによって上昇していく

気体の温度による動きの違い

A 煙には微粒子が含まれているので通常の空気より重いはずですが、上昇します。これは、燃焼などによって発生した煙は、通常の空気より温度が高いため上昇するのです。

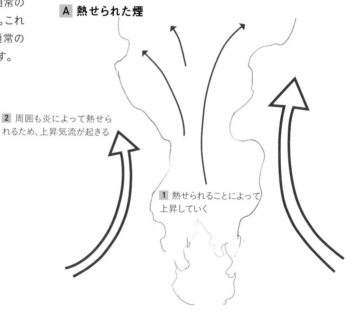

A 熱せられた煙

2 周囲も炎によって熱せられるため、上昇気流が起きる

1 熱せられることによって上昇していく

B 逆に、ドライアイスのように冷却された煙の場合は、上昇することなく下降します。

B 冷やされた煙

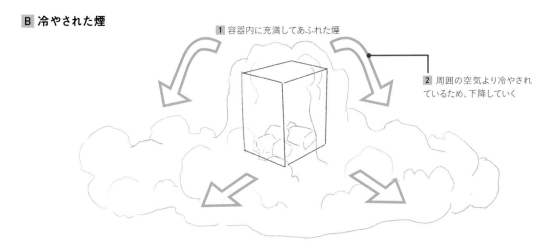

1 容器内に充満してあふれた煙

2 周囲の空気より冷やされ
ているため、下降していく

C 雲も漂っているように見えますが、太陽光や地熱などで発生した上昇気流によって持ち上げられた空気中の水分が、上空で冷えて水滴になることで雲となり、一定の重さになると雨などになって降り注ぐか、そこまでに至らない場合は拡散していきます。

C 雲のメカニズム

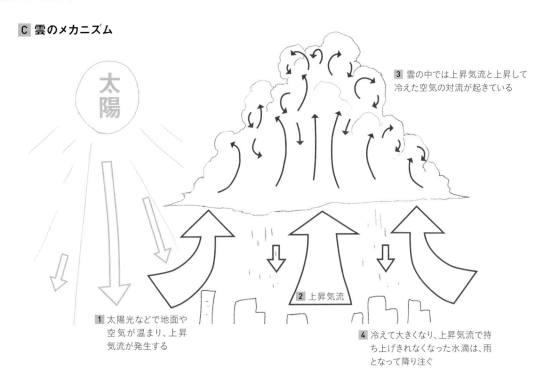

太陽

3 雲の中では上昇気流と上昇して
冷えた空気の対流が起きている

2 上昇気流

1 太陽光などで地面や
空気が温まり、上昇
気流が発生する

4 冷えて大きくなり、上昇気流で持
ち上げきれなくなった水滴は、雨
となって降り注ぐ

なんだか理科の教科書のようになってしまいました。繰り返しになりますが、自然現象しかり、人間の動きなどを描く際でも、こういった実際の現象に対する知識や理解などを少しでも持っておくことで説得力のあるものになります。

3 | 人物の動き

いよいよ人間の動きを見ていきます。最初に表情だけを動かす、まばたき（目パチ）や口パク、続いて歩きや走り、ジャンプといったように徐々にステップアップしつつ、それぞれの基本となる動きを解説していきます。

1 まばたき（目パチ）

まばたき（目パチ）は、表情の基本です。止め絵でも、まばたき1つで生きた表情になることがあります。さらに言うと、まばたきを加えるだけで、それは立派なアニメーションとなります。
ここでは、ニュートラルなまばたきを解説していきます。

3枚で描くまばたき　　　　　　　　　　Chapter2 ▶ 02_015k.clip

まばたきなので、1 目をぱっちりと開いた「開き目」と、2 目をつむった「閉じ目」で表現します。この2枚でもまばたきにはなりますが、今回は 3 半開きの「中目」の中割りを加えた3枚で表現しています。

1 開き目　　　　　2 閉じ目　　　　　3 中目

タイムライン

通常のまばたきは一瞬なので、24fpsであれば、2「閉じ目」、3「中目」は、それぞれ2コマ（フレーム）で素早く切り替わるタイミングでいいでしょう。

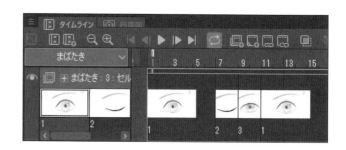

▶ 閉じ目のポイント

目じりと目頭を支点として、まぶたが閉じるイメージです。
目は閉じたときに、下まぶたも少し動きます。
また、まゆ毛も少し動かすと自然に見えます。

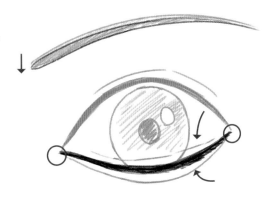

▶ 中目のポイント

目を開くときに「開き目」と「閉じ目」の間に「中目」を1枚入
れることで、ただの2枚の絵の切り替わりから、より生きた
感じになります。
このとき、「中目」を「開いた目」のほうにやや寄せる絵にし
たほうが、ニュートラルな印象になります。
「閉じた目」に寄せたり、ちょうど真ん中くらいの絵にする
と、やや重く開く印象になります。感情や演技によって「中
目」の絵の入れどころや中割りの枚数を変えることも重要
となります。

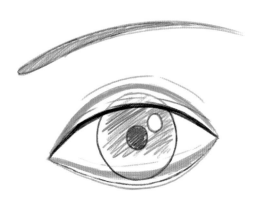

N G 1 Chapter2 ▶ 02_015k_ng.clip

閉じ目のときに下まぶたがまったく動かないと不自然
な印象になります。

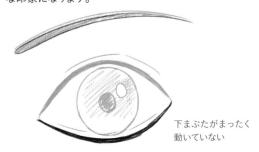

下まぶたがまったく
動いていない

N G 2 Chapter2 ▶ 02_015k_ng2.clip

目じりや目頭の位置が必要以上に動くと不自然です。
注意しましょう。

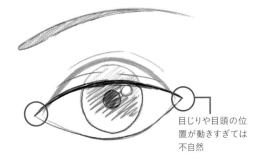

目じりや目頭の位
置が動きすぎては
不自然

N G 3 Chapter2 ▶ 02_015k_ng3.clip

スロー表現や特別な感情表現描写でもない限り、右図のように多くの枚
数でまばたきするのは不自然です。
またタイミングも同様に、中目で4コマ（フレーム）や5コマ使うのは、通常の
まばたきでは不自然になります。

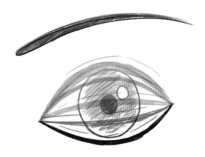

表情が変化するタイミングでのまばたき

Chapter2 ▶ 02_016k.clip

笑い顔などで目の表情が変わるときも目じりや目頭、まゆ毛を意識することで、破たんのない動きや表情を表現できます。

自分や他人の実際の顔の動きを見て、どういった筋肉が動いているのか、どう動くのかの観察や知識は重要となってきます。

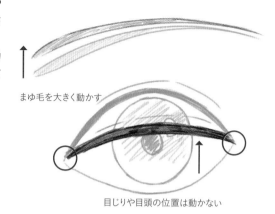

まゆ毛を大きく動かす

目じりや目頭の位置は動かない

止め絵にまばたきを加える

Chapter2 ▶ 02_017k.clip

下図は、止め絵にまばたきを加えた例です。目の動きを3枚加えるだけで、ただの止め絵が生きたアニメーションとなります。こちらは、p.144〜の制作手順も参照ください。

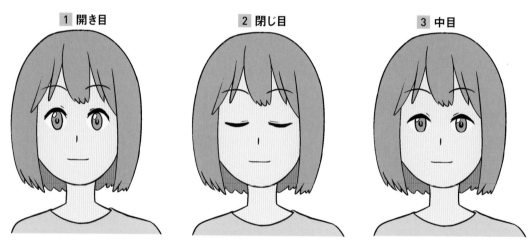

1 開き目　　　　2 閉じ目　　　　3 中目

Column

常に考えながら描く

動きを描くうえで重要なのは「どういった仕組みで動いているのか」という要素を少なからず知識として入れたり、考えながら描くことです。その結果、円や波のような軌道であったり動きの緩急といったことに至ります。

また、「動き」を組み立てる要素は、仕組みのほかにも多岐に渡ります。動かす対象が人間や動物といった場合には、さらに性格や感情といった要素も考慮できるでしょう。

動きの要素は多岐に渡る

2 ロパク、アゴパク

まばたき同様、「ロパク」や「アゴパク」といった口の動きを加えるだけでも止め絵が生きた表情を見せてきます。人物が喋るときに限らず、口の動きは物語や感情表現にとって切り離せません。
ここでは最もオーソドックスなロパクについて見ていきます。
さらに、ロパクの応用としてアゴパクも紹介します。

3枚で描くロパク Chapter2 ▶ 02_018k.clip **EX**

ロパクは、**1** 口を閉じた「閉じ口」と、**2** 間の半開きの口となる「中口」、**3** 一番開いた「開き口」で表現します。

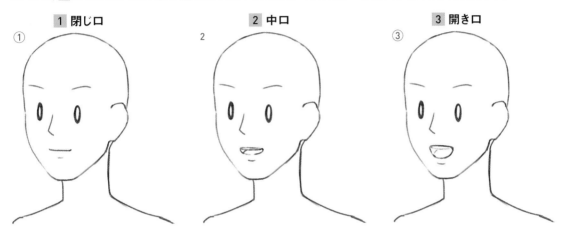

タイムライン

どういったセリフを喋っているかにもよりますが、基本的には **1** ～ **3** を喋るタイミングに合わせて交互に繰り返すことで表現できます。2コマ（フレーム）打ちか3コマ打ちで使うのがベターです。
右図は **1** ～ **3** を使い、2コマ打ちで動かしたタイムラインです。

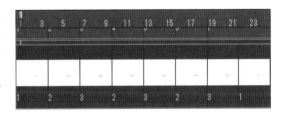

POINT ─
動く口の部分と動かないそれ以外の部分を別セルで描いて重ねます。こうすることで、口の絵を変えるだけでロパクを表現できます。

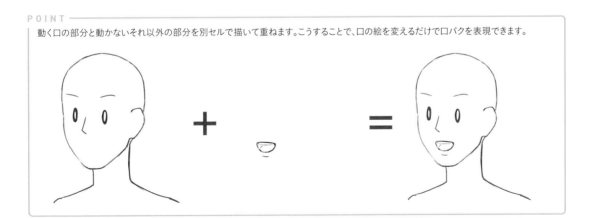

▶ **開き口のポイント**

「開き口」は、上唇も多少動かしますが、実際に口を動かす際はアゴを動かして開くので、下に口を開くよう意識します。

▶ **中口のポイント**

「中口」は、「開き口」「閉じ口」それぞれの間を中割りして描きますが、その際に上の歯が大きく動かないように注意しましょう。実際に口を動かす際には、下アゴが動き、頭自体は基本的には動かないので、上の歯は動かないことになります。

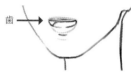

歯

NG1 Chapter2 ▶ 02_018k_ng.clip

口が上下に同じような幅で動いていると、間違いとはいいませんがあまり好ましくありません。アゴの動きを意識しましょう。

NG2 Chapter2 ▶ 02_018k_ng2.clip

歯の位置が「中口」と「開き口」で大きく動いているのは不自然です。

POINT

海外でのアニメーションでは、母音や発音ごとにこと細かに口の形を変えて表現する作品があります。もちろん、国内においても口の動きにこだわっている作品は多くあり、映画『AKIRA』などが有名です。
口パクだけでもさまざまな表情や感情を描き分けることができます。

アゴパク

Chapter2 ▶ 02_019k.clip **EX**

口パクの応用として、アゴから動かす口パク「アゴパク」を見ていきましょう。

人物が喋るときにアゴを使って口を動かすというのは先ほど解説しましたが、アニメーションの世界ではそれを省略し、口だけをセル分けして動かす「口パク」という表現が生まれました。
しかし、作風や演出によっては、それだけでは物足りなかったり、不自然だったりすることもあります。そういった場合は、「アゴパク」で表現します。
止め画のキャラクターでも口だけでなく、アゴから動かすことで自然に見せることができます。

1 閉じ口　　　　　　**2** 中口　　　　　　**3** 開き口

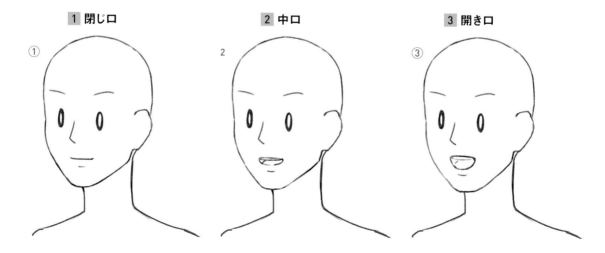

タイムライン

口パクと同じように、1 〜 3 を喋るタイミングに合わせて交互に繰り返すことで表現します。タイミングも2コマ（フレーム）打ちか3コマ打ちで良いでしょう。

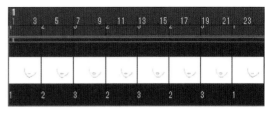

POINT ─────

口パクと同じように動く部分と動かない部分を別セルで描いて重ねます。アゴパクの場合は、動くアゴ部分と動かない頭部分とで分けます。

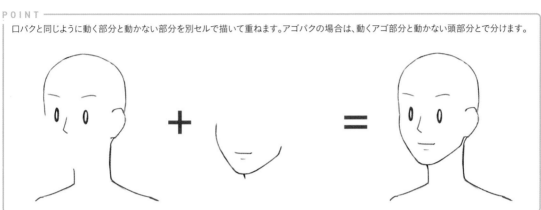

▶ **開き口（アゴパク）のポイント**

アゴの支点を意識しながら、下アゴを開くイメージで描きます。
また、口を大きく開いたり閉じたときに頬が引っ張られて少し動くといったことも念頭に入れておくと、さらにリアリティが増します。

アゴの支点

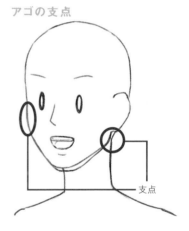

支点

頭がい骨で見たアゴの動き

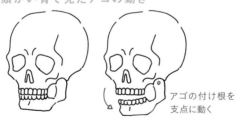

アゴの付け根を
支点に動く

NG　Chapter2 ▶ 02_019k_ng.clip

アゴを真下にスライドするように動かすことはしません。付け根を支点として回転するように動いていることをイメージしましょう。
また、口パク同様に上唇や歯には気をつけましょう。

POINT ─────

アゴパクは、演技を自然にさせることはもちろんですが、大口を開けるような人物だった場合に最も効果的です。

3 歩き

「歩き」は、アニメーションの基本を学ぶうえで絶好の題材です。中割りや
絵の切り替えのタイミングで作成する「緩急」、腕や脚の振り、身体全体が
スムーズに流れるような「軌道」などの動かすうえでの基本が詰まっている
動作です。さらに、ポーズを変えるだけでもさまざまな印象が生まれます。
また、人間の歩き方は、千差万別で「ありとあらゆる歩き方を描き分けるこ
とができれば1人前」と言われるほど奥の深い動きでもあります。

横歩きの基本的な動きと描き方

Chapter2 ▶ 02_020k.clip EX

1歩を5枚3コマ（フレーム）打ちで描くスタイル。1秒でだいたい2歩ずつ進んでいくリズムで、軽快な印象となります。
こちらは、p.149〜の制作手順も参照ください。

1 最初に、右足を軸に左足を前へ出します。原画となるセル[1]と[5]の絵から描きはじめます。

2 原画のちょうど真ん中[3]を中割りします。

3 続いて[2][4]と中割りしていくのが基本的な描き方です。p.89でも解説したように、腕や脚の動きはもちろん、身体全
体の動きそのものが「曲線」となるような軌道をきちんと意識することがポイントです。身体、脚と「全体として軸となる足を
中心」に曲線を描いて動かします。腕は「肩を中心」に曲線を描いて振るイメージになります。

4 [5]以降も歩き続ける場合、次は反対の手足を前に出し、同じように原画[9]→中割り[7]→[6]→[8]と描き進めてい
きます。

1 原画を描く

原画[1]と[5]
を描く

2 原画の間を中割りする

[1]と[5]の真ん中
にあたる[3]の中
割りを描く

3 原画と中割りの間をさらに中割りする

[1]と[3]の間の[2]、[3]と
[5]の間の[4]の中割りを
描いて1歩目が完成

4 2歩目を同じように描く

2歩目は反対の手足を前
に出し、[1]〜[5]と同じ
ように[9]→[7]→[6]→
[8]の順番で描く

タイムライン

タイムラインは、1歩を5枚の3コマ（フレーム）打ちです。1枚に
何コマ使うかで歩きの印象は大きく変わってくるので、い
ろいろと試してみましょう。

▶ 歩きにおける上下動

人の体は、歩くときに少し上下に揺れます。これは、踏み出す際に軸足が曲線を描く軌道となり、直立に近い状態になったときに腰の位置が高くなるためです。

上下動の幅は、基本的に右図のように歩幅や膝の屈伸具合で変化するので、そこからある程度割り出して描くのがポイントです。

また、それに限らず、上半身が大きく揺れるといった動きは、人物の心情、健康状態などによっても変わってくるので、それらをしっかりとイメージしながら描くことも重要となります。

上下動のイメージ

）上下動

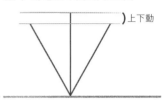

上下動をより簡略した図

）上下動

踏み出す際の軸足の屈伸により、このように長さが変わったかのようになるため、腰の高さが変わる

▶ 身体のひねりと腕の振り

上半身は脚と逆の振りで連動し、振り子のような動きでバランスと推進力の一助となっています。そのため、腕だけ振るのではなく、身体のひねりによる肩の位置を考えながら腕の振りも考えていくのがポイントです。

身体のひねりのイメージ

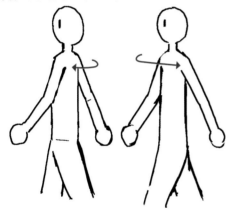

腕の振りを簡略した図

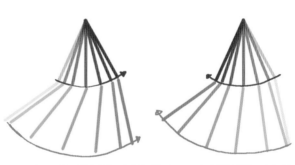

胴のひねり、そして肩から腕へと動きが伝わっていく。振り子運動でもあるため、やや前後にためるような動きにすると、「らしく」見える

NG1　Chapter2 ▶ 02_020k_ng.clip

下図のように上下動がまったくないと、脚が縮んでしまっていることになります。

NG2　Chapter2 ▶ 02_020k_ng2.clip

下図は一見上下動をしていて、よいようにも見えますが、腰の位置が変わっていません。これでは脚も縮み、胴が伸びてしまっていることになります。

▶ 枚数やコマ（フレーム）数で表現

1歩に使う枚数やコマ（フレーム）数を変えると、歩きの印象も変わります。**A** は、1歩を7枚に増やした例です。

A 1歩7枚とした場合

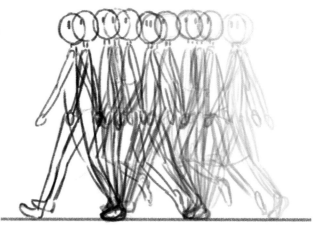

タイムライン

1歩を7枚2、3コマ打ちで描くスタイルです。p.114の歩きと比べて、2コマなら1秒で2歩進んでいくリズムは変わりませんが、よりなめらかな動きになります。3コマ打ちにすると、1秒半で約2歩となり、ゆったりと落ち着いた印象になります。

▶ 動きで感情を表現

もちろん、枚数やコマ数だけでなく、ポーズや歩幅などの絵によって印象は大きく変わります。それぞれを複合的に考えて描くことで人物の性格や感情といったものを表現します。
B 胸を張って、歩幅も広く歩かせれば元気であることや自分に自信のある人物としての印象が生まれます。
C 逆に、下を向いて腰を曲げ、歩幅も狭くすることで、落ち込みだったり、自分に自信のない人物としての印象になります。

B 胸を張り、歩幅も広くした場合

C 下を向いて腰を曲げ、歩幅を狭くした場合

4 走り

実際の歩きと走りで大きく違うのは、「踏み出しの後に地面から両足が離れ、宙に浮く瞬間がある」という点です。

描く際は、歩きと同じように緩急や軌道、上下動、ひねりといったことがポイントになるのはもちろんのこと、より勢いのある動きとして表現する必要があります。このとき、上下動での沈み込みの絵が、「タメ」の絵として重要になってきます。

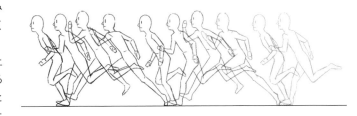

ややスプリントな横走り

Chapter2 ▶ 02_022k.clip

1歩を5枚2コマ(フレーム)打ちで描くスタイルです。駆け足くらいのテンポ感になります。

1 最初に、着地と踏み出しを原画にしてポーズや走りの幅を決めます。ここでは、原画[1][5]が着地、[3][7]が踏み出しの絵です。

2 原画[1]と[3]の中割りの[2]で踏み込むために沈み込みます。軸足は、着地のショックを吸収するため屈伸し、次の蹴り出しへ力を溜めます。蹴り脚はややコンパクトにたたみ、次の1歩へスマートに踏み出すイメージです。

3 地面を蹴った後の原画[3]と[5]の中割り[4]で宙に浮き、位置が1番高くなります。振った腕もここで頂点に達します。腕を振り上げて身体を持ち上げるイメージです。

走りを描くうえでのポイントは、踏み出しはあくまで「前へ推進する」ためだという点です。身体の上下動はあまり激しくさせず、とくにプロフェッショナルな走りになるほど走行時の上下動は少なくなることを覚えておきましょう。

1 原画を描く

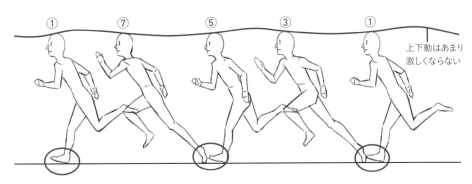

上下動はあまり
激しくならない

2 中割り(沈み込みの絵)を描く

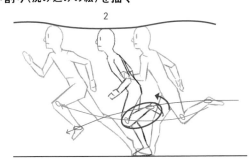

3 中割り(空中の絵)を描く

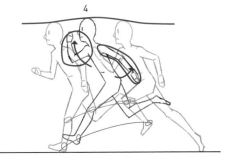

タイムライン

タイミングは、1歩を5枚の2コマ(フレーム)打ちにしています。歩きよりも歩幅があるため、同じ1歩でもスピードを感じられます。

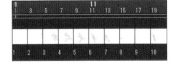

先ほど、走りは踏み出しの後に地面から両足が離れると解説しました。

しかし、アニメ的な「ダッシュ」のようなイメージで、空中の絵がなくてもきちんと走っているように見せることはできます。

1歩を4枚2コマ（or3コマ）打ちで描くスタイルです。p.117の走りの、空中の絵を抜いたような感じになります。

上下動はほとんどなく、着地時にやや沈み込む程度にします。着地時の原画をより伸びやかに、踏み出すときに腕やももをより上げた絵にするとスムーズに見えます。

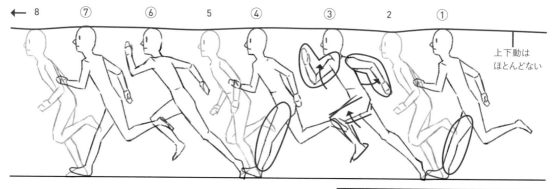

タイムライン

2コマ、もしくは3コマ（フレーム）打ちにします。p.117の走りと比べて、よりアニメ的なダッシュをしているような印象になります。

▶ デフォルメ走り

下図は、さらにアニメ的に誇張した（デフォルメ）走りです。ここでは着地が沈み込みを兼ねています。1歩4枚でも空中の絵を入れたり、タメの動きとなる着地の沈み込みをより大きくすることで、勢いのある元気な走りになります。

ここで意識して描くのはあくまで「沈み込み」で、踏み出した後の空中の絵は流れで自然に見えるようにしましょう。

タイムライン

2デフォルメ走りは、1歩4枚の2コマ（フレーム）打ちにしています。

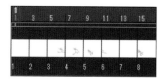

NG

Chapter2 ▶ 02_022k_ng.clip

上下動を大きくして跳ねさせるのはやめましょう。動きの軌道が不自然になります。もし勢いなどを誇張したい場合は、タメるときの沈み込みを大きくするほうが効果的です。

5 ジャンプ

勢いのついた動きほど、「タメ」の動きが重要になります。「走り」は「歩き」に比べて勢いのある動きのため、沈み込みによる「タメ」を意識して描くことはすでに学びました。ここでは、より顕著に「タメ」が重要となるジャンプの動きを見ていきます。また、「タメ」の動きが大きくなればなるほど、タメたエネルギーの「解放」の動きも重要になっていきます。ジャンプは、この「タメ」と「解放」の動きの基本を学ぶうえでうってつけの素材です。

オーソドックスなジャンプ

Chapter2 ▶ 02_024k.clip **EX**

p.83で一例としてジャンプの作画を扱いましたが、あのようにさまざまなパターンがあり得ます。この項目では、よりオーソドックスな動きを例として扱います。
ジャンプの動きの基本的な流れは、「予備動作(動き出し)」→「タメ」→「解放」となります。この考え方は、ジャンプという動作に限らず、さまざまな動きに応用できます。
力を解放した後の「着地」→「制動」の動きも含め、1つひとつ見ていきましょう。

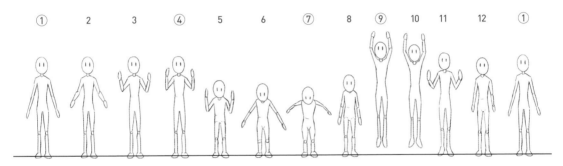

1 予備動作(動き出し)

手の振りの勢いを利用してジャンプするため、振り子の要領で腕を動かします。
絵としては、動きはじめと手を上げたところでタメるのがいいでしょう。

①→2→3→④

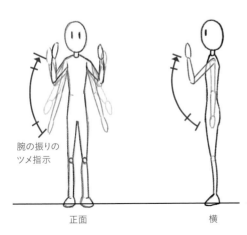

腕の振りの
ツメ指示

正面　　　　　横

2 タメの動き

腕の振りと、身体のバネの動きによって跳ぶので、腕を後ろへ振り、屈伸します。
この際、膝から先に動きはじめ、腕がついてくるようなイメージになります。

④→5→6→⑦　　　身体と頭の動きのツメ指示

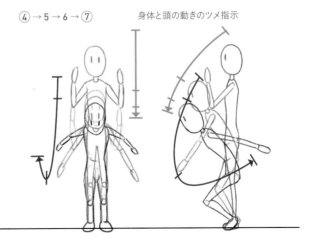

3 解放の動き

腕の振りの勢いと身体を伸ばす力を一気に解放し、ジャンプします。

まず、腕の振りからスタートし、その力を用いて身体を伸ばすイメージです。タメの動きに比べて枚数を描かず、一気にジャンプの頂点まで持っていくと勢いが出ます。

⑦ → 8 → ⑨

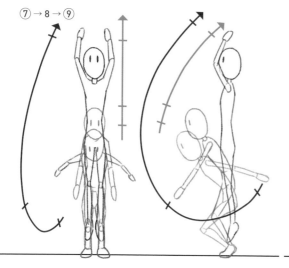

4 着地

ジャンプの勢いは、頂点で減速し、重力で加速して着地します。今度は身体から地面に引っ張られ、腕は後からついてきます。

また、着地のショックを膝などで受け止めるため、やや身体が沈みます。腕も慣性によってやや後ろまで振ります。

⑨ → 10 → 11 → 12

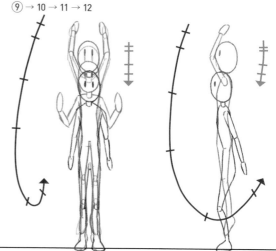

5 制動

着地のショックを受け止め、元の姿勢に戻ります。

また、このときに腕の振りを慣性を意識して少し揺れ続けさせ、ほかに比べて遅れて落ち着くようにすると、よりリアルな印象になります。

12 → ①

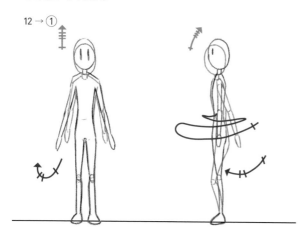

タイムライン

12枚の2コマ（フレーム）打ちです。絵の枚数は、タメの動きを多くし、解放の動きを少なくすることで勢いを表現しています。

また、13コマと14コマに着地後に遅れてついてくる腕の動きを入れることで、よりリアルな印象にすることもできます。

遅れてついてくる
腕の動き

NG Chapter2 ▶ 02_024k_ng.clip

腕の振りも利用してジャンプしますが、もちろん腕の振りだけでは跳べません。膝などを含めた身体のバネのエネルギーが大事なので、そこをしっかりと意識しましょう。

後は、とにかくタメと解放の緩急のメリハリを大事にします。

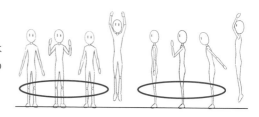

6 回転、振り向き

回転や振り向きは、動かすものを「立体」としてしっかりイメージしなくてはなりません。
いきなり人物を立体的に捉えるのは難しいので、まずはシンプルな箱を例に見ていきましょう。

箱の回転　Chapter2 ▶ 02_025k.clip

下図は、正方形の箱を均等に回転させたときの見え方です。A は上から見た場合、B は前方から見た場合です。
箱を上から見た場合は平面的ですが、前方から見た場合は立体的、空間的に捉える必要が出てきます。

A 上から見た箱の回転

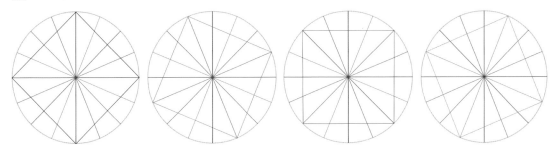

B 前方から見た箱の回転

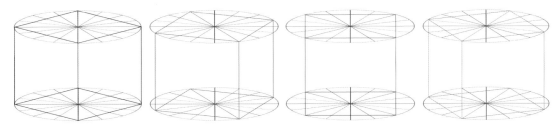

▶ 回転の移動幅

均等に回転しているはずが、前方から見るとこのように移動幅が違って見えます。
側面に向かうほど、奥行きが圧縮されて見えるのがポイントです。
どんなに形が複雑なものでも、シンプルな図形に置き換えて考えることで、立体を
意識できるようになっていきます。

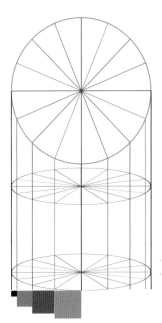

側面に向かうほど奥行きが圧縮
されて見えるため、正面にくるほ
ど移動幅が大きく見える

人物の振り向き

シンプルな図形を立体的に回転させることができたら、人物の振り向きの動きに挑戦してみましょう。

Ａ は、横から前への振り向きの一例です。ポイントは、首だけで振り向くのではなく、上半身からひねることでこちらを向くことができるという点です。

POINT

人物を立体的に捉えることに迷ったら、まずはp.121のようなシンプルな図形に置き換えて考えてみましょう。

Ｂ のように、振り向く方向へ目線を先に向けるのもセオリーの1つです。逆に、気を取られながら振り向くといった場合だと、あさっての方向に目線を残すといったことも効果的です。

p.121の箱と同じように、顔の奥側は圧縮されて見えることにも注意して描きましょう。

Ａ 横から前への振り向き

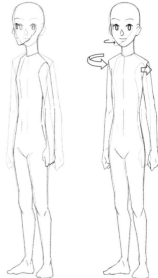

Ｂ 振り向く方向へ目線を向ける

顔の奥側は圧縮されて見える

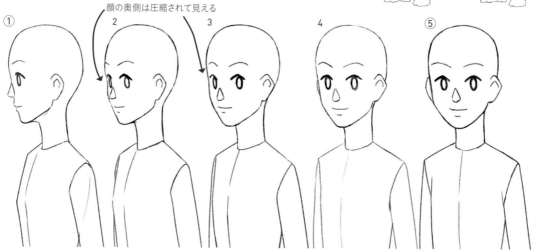

① ② ③ ④ ⑤

POINT

振り向きの中割りは、顔の形状を意識しながらアタリを取るなどして進めましょう。

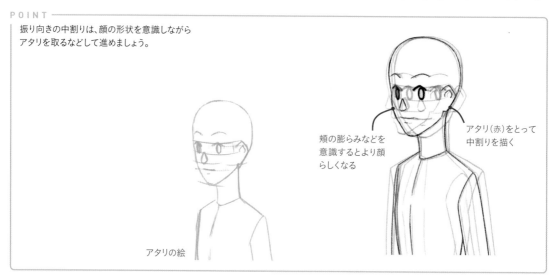

頬の膨らみなどを意識するとより顔らしくなる

アタリ(赤)をとって中割りを描く

アタリの絵

▶ まばたき（目パチ）と組み合わせる

C のように、振り向きの途中でまばたき（目パチ）を入れるテクニックもあります。より人間らしい動きになります。

C 振り向きの途中でまばたきを入れる

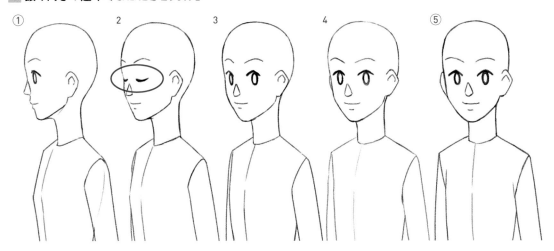

▌タイムライン

ここでは、真横から正面を向くまでの5枚を2コマ（フレーム）打ちで作成しています。1枚に当てるコマ数を増やせば増やすほどゆっくりと振り向くようになりますが、増やしすぎてしまうと、カクついた動きになるので注意が必要です。

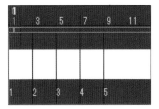

NG1　Chapter2 ▶ 02_026k_ng.clip

身体をまったく動かさずに、首だけで振り向くのは見るからに不自然です。

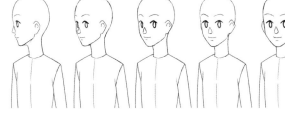

首だけで
動いている

NG2　Chapter2 ▶ 02_026k_ng2.clip

一見するとわかりづらいのですが、やってしまいがちなNG例です。奥の目の圧縮が奥行き方向だけでなく縦にも大きくつぶれてしまっており、これでは顔に強いパースがかかっているように見えます。

顔のアップを広角で捉えた場合など明確な意図がある場合を除いては、縦にはつぶしすぎないように注意しましょう。

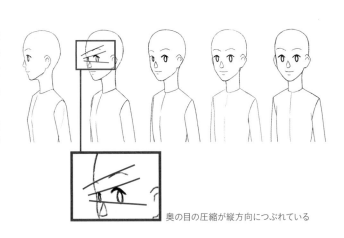

奥の目の圧縮が縦方向につぶれている

7 なびき

風をアニメーションで表現することは、情景や情緒、空気感を表現するうえで重要です。風は目に見えないものですが、物体そのものや人物の髪の毛や服をなびかせることで表現する方法があります。なびかせかたは千差万別ですが、大切なのは、空気の流れを意識することです。この「空気の流れを意識する」とはどういったことか、実際に見ていきましょう。

布のなびき

Chapter2 ▶ 02_027k.clip EX

髪の毛や服といった複雑な構造のものの前に、まずはやわらかい布で見ていきましょう。やわらかい布を持ち上げて勢いよく下ろしたとき、布の下に空気の流れが発生します。この空気の流れを、「塊」として捉えることで、動きのイメージがしやすくなります。この考え方は、風にたなびく旗やそよぐ髪の毛などでも有効です。

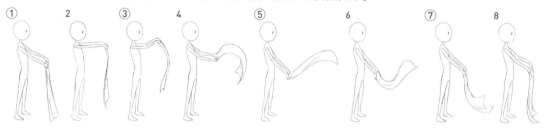

1 布を持ち上げる

まず、[1]～[3]で布を持ち上げます。すると、内側に空気の流れ、塊ができます。

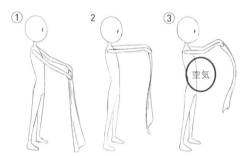

2 布を勢いよく下ろす

[4]で持ち上げた布を勢いよく下ろすと、空気の塊が布を支えたようになります。

3 空気が抜けていく

さらに、[5]～[6]と布を下ろしていくと、空気の塊は前方へと抜けていきます。

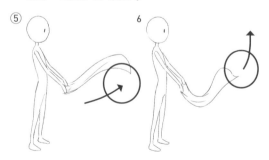

4 布が垂れる

布を支えていた空気の塊が完全に抜けてしまうと、[7]～[8]のように重力に引っ張られて下に垂れます。

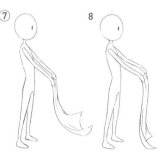

タイムライン

8枚の6コマ（フレーム）打ちで描いています。1枚1枚のコマ数を多めに取ることで、布のゆったりとしたなびきを表現できます。

髪の毛と服のなびき

髪の毛や服のように、なびく部分が多く一見複雑な場合でも、それぞれのパーツごとに空気の流れを意識していくことで
イメージがつかみやすくなります。

ここでは、前方(左側)から風が吹いている想定です。前ページの布のなびきと同じように、髪の毛や服の内側に空気の塊
があるとイメージします。空気は、髪の毛の場合下に向かっていき、服の場合は前方から後方へと向かっていくイメージ
です。抜けた空気は上へとのぼっていくので、髪の毛や服に跳ねるような動作を加えると、それらしく見えます。

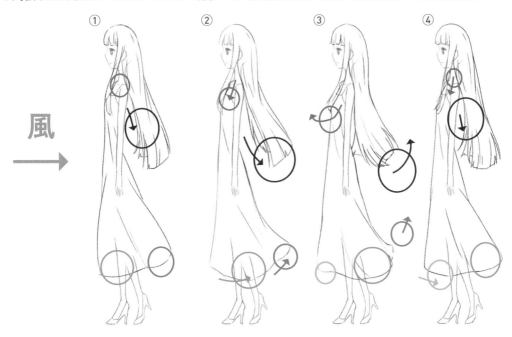

Column

「気持ちのいい」アニメーション表現

動きの緩急をコントロールすることで、よ
り「気持ちのいい」動きやアニメーション
としての「快楽」のようなものが表現でき
ると思っています。非常に感覚的なもの
であるのと同時に個人の好みの問題に
もなってきますが、圧縮からの解放の瞬
間などの表現や軽快なリズムの動き、メ
リハリのあるアクション、ゾっとするほど
の生々しさを感じる動きなど、時間軸の
あるアニメーションだからこそその快感が
そこにはあります。

そして、描き手によって動きの緩急、タイ
ムシートで作成するタイミングにもやは
り個性があり、そういったものを自分なり
に模索してみるのも、アニメーションの
醍醐味の1つであると考えています。

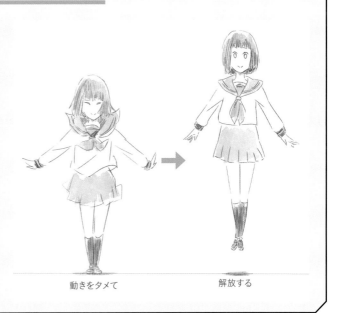

動きをタメて　　　　解放する

8 アクション

パンチやキックといったアクションもジャンプと同様に「タメ」と「解放」の考え方が重要になります。むしろ、力を溜める、力を解放する、というイメージはアクションのほうが容易かもしれません。
ここでは、パンチ、キック、そして応用編としてマキ割り（振り上げ、振り下ろし）という3つのアクション例を見ていきましょう。

パンチ（横）

Chapter2 ▶ 02_028k.clip

パンチという腕の動作ではありますが、上半身のひねりや下半身の重心を低く落とすなど、「身体全体でのタメ」が重要です。力をタメる動作はじっくり、パンチを繰り出す解放の動作は一気にという、「タメ」と「解放」の緩急は、ジャンプなどと変わりありません。

1 タメの動き

拳を構えた状態[1]から、[2][3]で力をタメます。
身体をひねりながら拳を引き、重心を低く落とすことで、身体全体で力をタメていることがわかります。

① ②

2

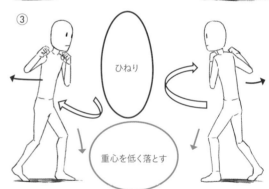

③

ひねり

重心を低く落とす

POINT

タメの部分の枚数を多くすると、より力を込めたパンチの印象になります。
[2b]を入れることで拳をゆっくりと引き、[3b]のように体より拳を少し遅らせた絵を加えることでパンチの重みの印象を強めます。

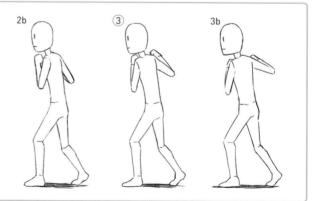

2b ③ 3b

2 解放の動き

タメの動作から一気に拳を突き出す[4]、パンチを打ち終えたらすぐに拳を引く[5]へとつなげます。
拳を突き出すと同時に、前方に体重をかけるのもポイントです。
タメの長さや力強さ、解放の素早さが、パンチの勢いや迫力に関わってきます。

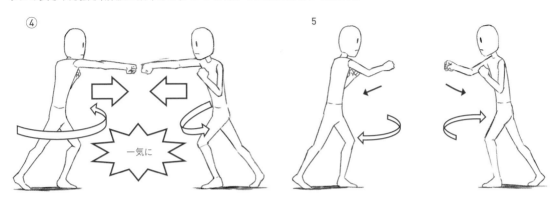

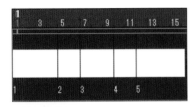

タイムライン

繰り出したパンチを引くまでで5枚の絵を描いています。[3]のタメの動作を3コマ(フレーム)打ちでほかより長くすることで、タメの動作を強調しています。

> **P O I N T**
>
> ものすごく体重をかけたパンチでは、そのまま振り切ってしまうという見せ方もあります。
> パンチの後、[5b]のように振り切る絵を入れるのも面白いでしょう。
>
>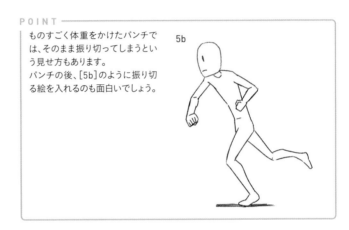

NG Chapter2 ▶ 02_028k_ng.clip

スロー撮影やハイフレームレート撮影な動きでもない限り、拳を突き出す中割りを必要以上に入れるのはやめましょう。
せっかくタメた勢いが死んでしまいます。

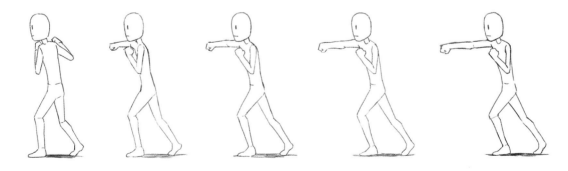

パンチ（正面）

パンチの動作を正面から見た場合のアニメーションです。ポイントは、「タメ」「解放」による緩急はもちろん、タメるときの身体のひねりなど、横から見たときと同様です。

1 [1]〜[3]は上半身の大事なひねりです。左半身はやや開き、右半身を引っ張るエネルギーを作成します。

2 [4][5]で一気に拳を打ち出し、すぐに引く。この動きがスマートなほどボクサーなどといったプロフェッショナルな動きになります。

1 タメの動き

2 解放の動き

タイムライン

タメの[3]で3コマ（フレーム）使うことで、より力を溜めている印象にしています。

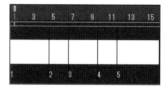

キック（ハイキック）

基本的にはパンチと同様です。下半身を大きくひねって力をタメ、蹴る力を一気に解放します。

1 タメの動き

構えの状態[1]から、[2]で身体をひねって力をタメます。ここにもう少し枚数を割くこともあります。
蹴り脚は、若干後ろに引いて伸ばすのがポイントです。

2 解放の動き

[3]の蹴り脚(ここでは右脚)は、膝から持ち上げます。蹴り脚を高く上げるために、上半身はさらにひねり、腰もひねって倒します。このとき、右腕は左右のバランスを取るために引きます。
そして、[4]で膝から先、つま先まで伸ばすように一気に蹴りきります。

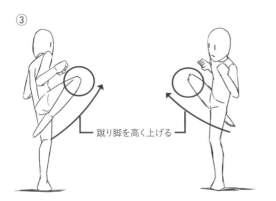

③

蹴り脚を高く上げる

④

キックでもパンチと同様に、[5]ですぐに引きます。

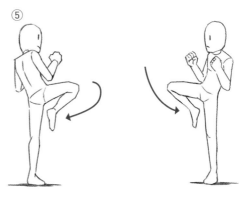

⑤

タイムライン

繰り出したキックを引くまでで5枚の絵を描いています。ここでは、2コマ(フレーム)打ちとしていますが、タメの部分にもう少し枚数やコマ数を当ててもいいでしょう。

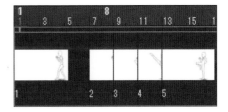

NG Chapter2 ▶ 02_030k_ng.clip

いきなり脚全体を伸ばしたまま蹴り出すことは基本的にNGです。上半身のひねり→腰のひねり→大腿→膝から先、といったエネルギーの伝達の軌道をイメージをしましょう。

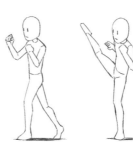

人物の動きを練習するうえでよく利用される動作、それが「マキ割り」です。手に持っている物を力を込めて振り上げる、力を溜めて、振り下ろす、といった一連の動きは、タメや解放の動きによる緩急、力の伝達をイメージした曲線を描く軌道、とここまで解説してきたことの総集編のような動作となっています。これがしっかりとイメージでき、きちんと作画できればもう人物の動作はバッチリです。

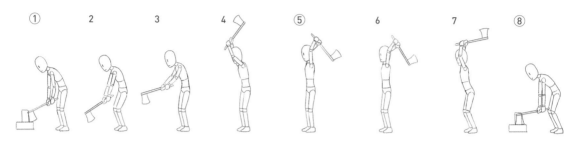

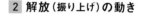

1 タメ（振り上げ）の動き

膝から身体全体を使って、斧を振り上げるためのエネルギーをタメます。

上半身はかがみ、膝を少し曲げて重心を落とし、斧を持つ手を少し引きます。

2 解放（振り上げ）の動き

膝からのバネと上半身を起こす力で一気に振り上げます。力の伝達は、膝→上半身→腕→斧と順に向かうイメージで曲線の軌道になります。

動きの緩急は、最初一気に振り上げ、頂点に達するほど動きをツメています。

①→2

3→4→⑤

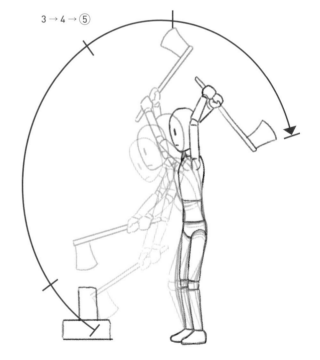

3 タメ（振り下ろし）の動き

斧を振り上げるときとは逆に、上半身は反って振り下ろすための力をタメつつ、膝は身体を前に倒す勢いを作成します。

⑤ → 6

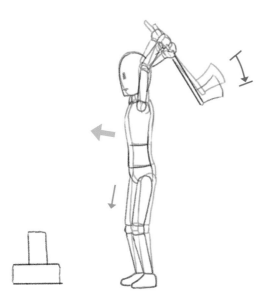

4 解放（振り下ろし）の動き

一気に振り下ろします。振り上げるときと同様に、膝→上半身→腕→斧と力の伝達をイメージしましょう。
加速を意識した動きの緩急も重要になってきます。

6 → 7 → ⑧

タイムライン

基本は3コマ（フレーム）打ちですが、タメの部分では4コマにすることでより力をタメた印象にし、振り下ろすときは2コマ打ちにすることでほかより速い印象にしています。

NG Chapter2 ▶ 02_031k_ng.clip

腕や斧が均等に持ち上げることも実際不可能ではないでしょうが、質量や身体性を感じられない動きになってしまいますので気をつけましょう。

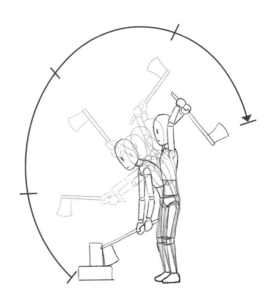

4 | その他のアニメーション表現

アニメーション表現は多種多様です。人物や物の動きのほかにも、じつに多くの表現方法があります。また、表現方法は常に増えていきます。どういった表現でアニメーションにするかは、制作者の想像力次第です。

1 メタモルフォーゼ（モーフィング）

メタモルフォーゼは、「変身・変形」を意味する言葉です。その名のとおり、対象から対象への変形する間の絵を作画して補完するアニメーション表現を指します。「モーフィング」とも呼ばれます。

アルファベットのメタモルフォーゼ

たとえば、1 アルファベット「A」、2 「B」、3 「C」が変形していくアニメーションをどう描くのか？ その条件のみが提示された場合、同じ枚数でも無数の表現があります。下図のアニメーションは一例です。
メタモルフォーゼは、アニメーションの練習やイメージを膨らますのに最適でもあります。
詳しい描き方は、p.170で解説していますので、参照ください。

2 エフェクト作画

A 炎、B 爆発、オーラ、C 電撃、水の波紋など、ひと口にエフェクトといってもさまざまなものがあります。人物だけでなく、こういったエフェクトを描くのもアニメーション表現の醍醐味の1つです。

エフェクト単体でももちろん面白いのですが、これを人物や物と組み合わせることで、目には見えないエネルギーや派手さといった「フィクション」ならではの演出が可能となります。

これらエフェクトの描き方は、p.222〜で解説していますので、参照ください。

A 炎のエフェクト

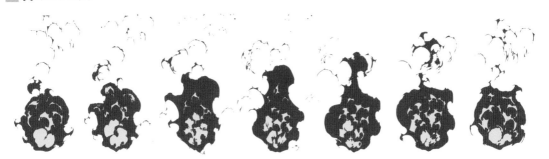

B 爆発のエフェクト

C 電撃のエフェクト

止め絵にエフェクトを加える

単なる止め絵でも、そこにエフェクトを加えるだけで魅力的なアニメーションとなりえます。

右図は、A 傘を差した女の子の止め絵に B 雨のエフェクトを加えた例になります。

詳しい描き方は、p.254で解説していますので、参照ください。

A 止め絵

B エフェクト

3 オバケ表現

動きの残像表現、モーションブラー的作画表現のことを、アニメーション用語で「オバケ」表現といいます。
ビデオカメラで撮影した実写の映像でも、激しい動きの際などに一部が伸びたように映る「モーションブラー」という現象があります。
そういったイメージや限られた絵の中で、より激しい動きなどを作画で表現するのに登場したのが「オバケ」表現です。

オバケを活かしたアニメーション

Chapter2 ▶ 02_032k.clip

下図のように、たった4枚でも腕や手をたくさん描くことによって、物凄い速さで手を動かしているように見えるアニメーションになります。
また、長く伸びた軌道を描くことによって、1枚で動きのイメージを伝えることもできます。モーションブラーのようにブレた絵を入れるのも効果的です。
ただし、こういった表現は作風とキャラクターによってはそぐわない場面もありますので、状況に応じて使うのがよいでしょう。

オバケ表現の例

① 増殖した手の「オバケ」

手の軌道の残像

②

③ 激しい動きのブレ

④

タイムライン

4枚の絵を2コマ（フレーム）打ちでループさせています。1コマ打ちにすると、よりスピード感や焦っている感じが出ます。

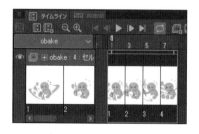

オバケ表現の考え方、コツ

オバケ表現は、大きく分けて「ブレ」と「オバケ」の2つを描くことでできます。

このときに大切なのは、ほかと同じように「軌道」をきちんと意識して描くことです。

ここでは、腕を勢いよく振り下ろすときにその速さを表現する例を見ていきましょう。「ブレ」「オバケ」のそれぞれを、腕の軌道に沿って考えていきます。

▶ ブレのポイント

振った腕の形をブレさせることで、スピード感を表現できます。

移動幅の大きい外側ほど、ブレも大きく伸ばして描きます。動きの方向も考慮し、前のポーズに残すイメージで伸ばします。この例のように上から下に振った場合、上側に残すイメージで伸ばしています。

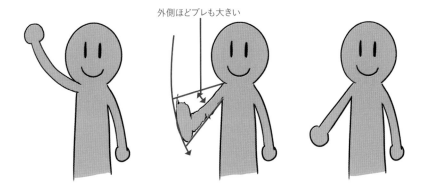

外側ほどブレも大きい

▶ オバケのポイント

腕の動きを最初にイメージし、その間の絵を残像として表現します。

手の末端だけを残したり、線画にも色をつけて色だけを残すテクニックなどもあります。

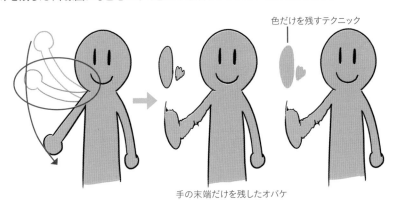

色だけを残すテクニック

手の末端だけを残したオバケ

4 カメラワーク

アニメーションは映像表現の1ジャンルである以上、さまざまな「カメラワーク」での表現方法があります。アニメーション
の世界ではおもに、「BG」とも呼ばれる背景と被写体の組み合わせで使います。ここでは、一部を簡単に紹介します。

PAN（パン）

カメラのフレームが横（または縦）に移動するカメラワークです。縦の場
合は、「縦PAN」ともいいます。
アニメーションでは大きな背景（BG）を用意し、フレームを移動させるこ
とで表現します。

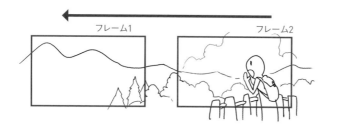
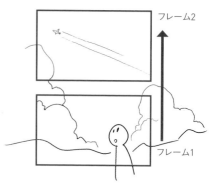

付けPAN（パン）

被写体にフレームをつけたようなカメラワークです。大きな背景（BG）を用意し、その中を動く被写体に合わせてカメラの
フレームを移動させる手法です。

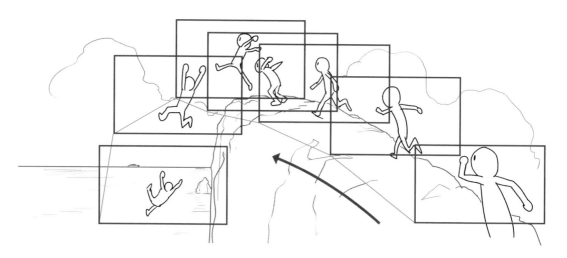

POINT
ここでの「フレーム」は画面やカメラの「枠」を指します。映像
の表示される範囲と捉えてもらってよいでしょう。

トラックアップ（T.U）・トラックバック（T.B）

A カメラが被写体に寄っていくカメラワークを「トラックアップ（T.U）」、離れていくカメラワークを「トラックバック（T.B）」といいます。

また、前後のレイヤーそれぞれの拡大率を変えることで遠近感を表現する方法もあります。**B** は、奥の背景を90%→100%、巨大ウサギを85%→100%、手前の背景を80%→180%に拡大した場合です。これで、奥行きを出しました。

A トラックアップとトラックバック

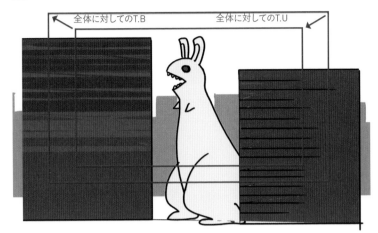

全体に対してのT.B　　　全体に対してのT.U

B 前後の拡大率を変える

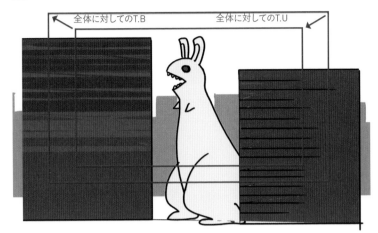

follow（フォロー）

被写体とカメラが並行して移動するカメラワークです。

たとえば、キャラクターは移動させずにその場で歩かせ、背景を被写体とカメラの進行方向の逆側にスライドさせることで移動しているように錯覚させます。

また、背景（BG）のスライド幅をp.86のように奥と手前で変えることにより、遠近感を表現することもできます。

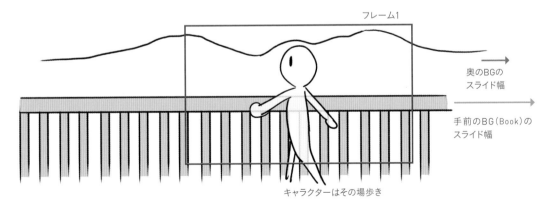

フレーム1

奥のBGの
スライド幅

手前のBG（Book）の
スライド幅

キャラクターはその場歩き

POINT

アニメーションは、セルを重ねて描くという考え方が根底にありますが、背景も複数重ねる場合があります。そういった場合の手前にくる背景のことを「Book」といいます。何枚にも渡る場合は、「BookA、BookB……」などとわかりやすく表記することになります。

Chapter
2

その他のアニメーション表現

5 コンポジット（撮影）での光表現

「コンポジット（撮影）」とは、キャラ作画や背景などの複数の素材を合成し、最終的な画面を組み立てる「仕上げ」の工程です。光っているものを見たときに感じる眩しさやその明るさ、雰囲気や空気感といったものを追加していくことも、コンポジットの重要な作業になります。

グロー効果

Chapter2 ▶ 02_033k.clip

「グロー効果」とは、光っている物の表示を、よりそれらしく光って見えるようにする手法です。

光をエッジのボケたグラデーションで表現します。アニメーションの世界では「透過光」とも呼ばれており、元々実際のカメラを使って撮影台でアニメーションを撮影していた時代に、光の表現を実際のライトを使って表現した名残でそう呼ばれています。

グロー効果の詳細は、p.158で解説していますので、参照してください。

POINT

「グロー（Glow）とは「輝き」や「光」といった意味です。

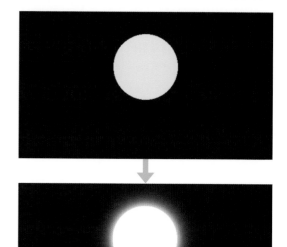

正円をグロー効果で
発光させる

ディフュージョンフィルター

Chapter2 ▶ 02_034k.clip

「ディフュージョンフィルター」とは、光を拡散させ、やわらかい印象にする効果を持つ、カメラのレンズフィルターの一種です。ソフトフィルターともいいます。そのようなレンズフィルター効果を絵やアニメーションで再現する表現です。この表現を加えると、やわらかい光をより感じられる画面になります。

ディフュージョンフィルター表現の詳細は、p.161で解説していますので、参照ください。

POINT

「ディフュージョン（diffusion）とは「拡散」といった意味です。

ディフュージョンフィルターで
印象的なシーンに

フレア

「フレア」とは、カメラ用語で、強い光にカメラを向けたとき
に光がレンズ内部で反射し、撮影したものに光が大きく
かぶる現象です。

光の方向に合わせ、白などの明るい色のグラデーション
を合成モード(P.166)「スクリーン」などで乗せることで表
現します。意図的に乗せることで、たとえば太陽の日差し
をより強く感じさせることができます。

強い日差し
を表現

パラ

「パラ」とは、画面に暗い色のグラデーションを乗せる表
現のことです。パラは撮影台を使って撮影していた頃に
「パラフィン紙」を使って影を画面に乗せていたときの略
称として定着した用語です。

単に暗い印象にすることもできますが、不穏なシーンを演
出するのにも用いられます。

不穏なシーン
を演出

実写を用いたアニメーション表現

カメラで撮影した実写映像に手描きのアニメーションを乗せた「実写合成」や、実際に演技して撮影したものをガイドとして作画する「ロトスコープ」などの表現があります。

実写合成

下図は、実写映像にアニメーションを描き加えた例です。実写の情報量と合わせることによって、シンプルな絵のアニメーションでも独特なエモーショナルさが生まれ、面白い表現になります。

POINT
商品やアーティストなど実在するものを印象づけるために、CMやミュージックビデオ（MV）などでアニメーションとの合成表現がよく用いられています。

手描き

実写映像

ロトスコープ

実写を下に引き、なぞって作画する手法です。実際の人物の演技などを使うため、リアルで生々しい動きのエッセンスを必要とする際に有効です。

なお、p.256でロトスコープでのアニメーション制作手順を解説していますので、参照ください。

実写 ロトスコープ

POINT
ロトスコープは、作画する絵のスタイルを変えることによって、より豊かな表現にもなりえます。a-ha『Take On Me』(a-ha, 1985)のMVでの漫画風なタッチや映画『花とアリス 殺人事件』(2015)のアニメテイストの長編映画、シシヤマザキ氏のひと目見てわかる唯一無二のスタイル、久野遥子氏の実写のエッセンスとイマジネーションの融合など、同じ手法でも作家によって多種多様な表現になります。

ロトスコープの応用

実写をそのままなぞるだけでなく、撮影した動きのポイントを抽出し、そのうえに人物キャラクターを描くことで、実写の動きのリアルさを残した動きにすることもできます。

1 動きのポイントを抽出し、アタリを取る

2 アタリを元に線画を描く

描き込みすぎず、必要最低限の線で描く

3 色を塗って完成

ロトスコープならではのリアルな動きを再現できる

POINT
3DCGではアクターの動きを抽出して3Dの人物モデルに流し込む「モーションキャプチャー」という手法があります。

Chapter 3

CLIP STUDIO PAINT でアニメーションをつくる

Chapter1で学んだ「CLIP STUDIO PAINTのアニメーション機能」という「画材」、Chapter2で学んだ「アニメーションの基本」という「動きの理」、Chapter3ではそれぞれを組み合わせ、実際に「手を動かして」アニメーションを制作してみましょう。
描いた絵が動く感動をぜひとも体験してください。

1 | 人物の動きを制作する

人物の動きを実際にCLIP STUDIO PAINT上で制作していきます。まずは、簡単な目パチ（まばたき）、口パクの動きと基本的な歩きの動きで、作業工程を見ていきましょう。

1 目パチ（まばたき）、口パク

Chapter3 ▶ 03_001k.clip

p.108の「まばたき（目パチ）」、p.111の「口パク、アゴパク」の動きを、CLIP STUDIO PAINTで制作する手順を解説します。単なる止め絵も、目パチ、口パクを入れるだけで活き活きとした表情が見えてきます。

1.キャンバスの作成

1 ［ファイル］メニュー→［新規］を選択し、アニメーション用のキャンバスを作成します。
「新規」ダイアログ設定項目の詳細は、p.34を参照ください。

1 アニメーション用キャンバスを設定

2 アニメーションフォルダー、アニメーションセル（以降：セル）、タイムラインのあるキャンバスが作成できました。タイムラインパレットの表示方法は、p.19を参照してください。

2 アニメーションフォルダー、タイムラインのあるキャンバスを作成

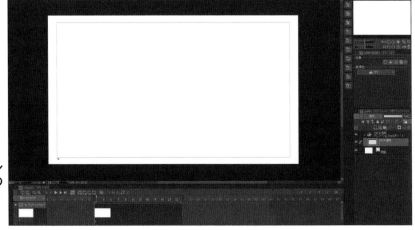

2.セルを分ける

1 まずはどう動かすかを考えながら、下描きをします。下描きができたら、動きのベースとなる1枚目の絵を描きます。セルは、**2** のような構成にして分けました。動かない頭と身体を「Aセル(アニメーションフォルダーA)」、目パチを「Bセル(アニメーションフォルダーB)」、口パクを「Cセル(アニメーションフォルダーC)」としています。

目パチ、口パクは、「Aセル」の上に被せる形です(「カブセ」といったりします)。目パチと口パクのセルを分けることで、それぞれを別々のタイミングで動かすことができます。

1 下描きして清書

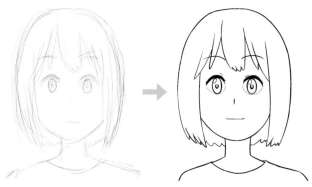

分かれたパーツ

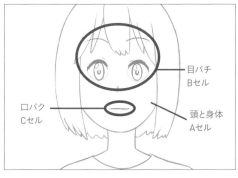

目パチ
Bセル

口パク
Cセル

頭と身体
Aセル

POINT

各セルは、レイヤーフォルダーを作成して線画と塗りのレイヤーを分けています(p.33)。

2 動かすパーツごとにセルを分ける

Cセル
(口パク)

Bセル
(目パチ)

Aセル
(頭と身体)

POINT

白目のアウトラインは、塗りのレイヤーに赤などのわかりやすい色で描き、仕上げのときに変更します。

Column

分けたセルの呼称

通常、下にあるセルから「Aセル」「Bセル」「Cセル」と名づけていきます。

また、CLIP STUDIO PAINTでは、アニメーションフォルダーとセルとで名称が分かれていますが、本来のアニメーションであればアニメーションフォルダーも含めて「セル」と呼称します。たとえば、「Aセルの1」のような呼び方をします。つまり、「Aセル」が「アニメーションフォルダー[A]」、「1」が「セル[1]」を指します。

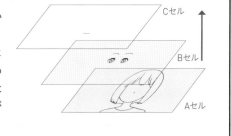

Cセル

Bセル

Aセル

3. 目パチ（閉じ目）を描く

目パチ（閉じ目）から描いていきます。

1 ［アニメーション］メニュー→［新規ア
ニメーションセル］でセルを作成します。

2 オニオンスキン（p.49）やライトテーブ
ル機能（p.30）を使いながら「閉じ目」を
描きます。目頭と目尻を意識し、眉も少
し動かすと自然です。

1 新規セルを作成

2 閉じ目 [2] を描く

① → ②

POINT

1つ前のセルがレイヤーフォルダーの場合、
フォルダーの構造を引き継いだセルを作成
できます（p.33）。

4. 目パチ（中目）を描く

続いて、中割りとなる「中目」を描きます。

1 目パチ（閉じ目）と同じように新規セル
を作成します。

2 引き続き、目頭と目尻に注意しながら
描きます。白目のアウトラインも、開いた
ときより膨らまないように注意しましょ
う。

1 新規セルを作成

2 中目 [3] を描く

① → 3 → ②

POINT

中目は目が小さくなるため、目に光のない死んだ目になりがちです。ほんの少しでもい
いので、意識的にハイライトを入れましょう。

ハイライト

POINT

今回はニュートラルなまばたきなので、中目は開き目にツメた（開き目の形に近い）中割りにしています。感情や状況によって、中目の枚数やツ
メを変えてもいいかもしれません。逆に、閉じ目にツメると眠たそうな印象になります。
なお、ツメについての詳細は、p.87を参照ください。

5.目パチのセル指定

タイムラインパレットで目パチのタイミングを決めていきます。通常、セルを作成するとタイムラインにセル指定（p.28）されるので、開き目、中目、閉じ目の開始フレームと終了フレームの位置を変えて、タイミングを決めていきます。

POINT

もしタイムラインにセルが指定されていない場合は、タイムライン上でフレームを選択し、[アニメーション]メニュー→[トラック編集]→[セルを指定]を実行します。

タイミングを決める

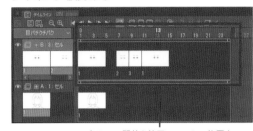

各セルの開始と終了フレームの位置を変えてタイミングを決める

タイムライン

閉じ目、中目それぞれを2コマ（フレーム）で開くタイミングにしました。

6.口パクを描く

目パチが終わったら、口パクを描いていきます。

1 最初に「開き口」を描きます。作成したセルは、順番的には3枚目になるので、[3]と命名しました。上唇も少し上に開くのがポイントです。

2 2枚目のセル[2]に「中口」を描きます。オニオンスキンを使って開き口と閉じ口を参考にし、歯の位置に注意しながら中割りしていきます。

POINT

閉じ口と開き口では、顔の位置のバランスで印象が大きく変わってしまうので、下描きの段階で両方の口を描きながらバランスを取っておきましょう。

1 開き口[3]を描く

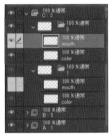

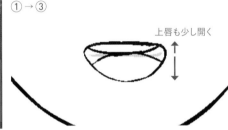

① → ③

上唇も少し開く

2 中口[2]を描く

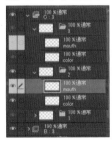

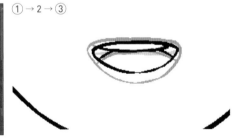

① → 2 → ③

タイムライン

口パクのタイミングは、3コマでやっています。日本語のセリフならば3コマで大丈夫ですが、英語や早口のときなどは2コマをベースにしたほうがよいでしょう。

タイミングを決める

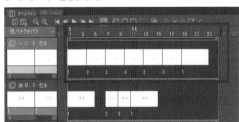

POINT

3枚の口パクの場合、「閉じ口」はあまり使わずに、「中口」「開き口」の繰り返しを多めに使うのがベターです。もちろんセリフにもよりますが、とくに「閉じ口」が完全に閉じている場合、「閉じ口」を使いすぎるとパクパクと魚のような印象になったりしますので注意しましょう。

Chapter
3

人物の動きを制作する

147

7. 色を塗る

1 「塗りつぶしツール」の「他レイヤーを参照」(p.72)を使い、各セルの塗りレイヤー(color)に色を塗っていきます。

2 色が塗り終わったら動きを再生して確認し、問題なければ完成です。

POINT
アニメーションの制作では、ペンツールも塗りつぶしツールも基本的にはアンチエイリアスを「無し」にして制作していきます。アンチエイリアスについては、p.71を参照ください。

POINT
線画と塗りのレイヤーを分けるメリットは、後からそれぞれを修正しやすいという点と、中割りなどでオニオンスキンやライトテーブルに読み込んで透かした際に、線画だけのほうがわかりやすいなどがあげられます。

1 塗りのレイヤーに色を塗る

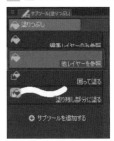

2 完成

Column

塗りの小技（隣接ピクセルをたどる）

影色や塗り分けなどでは、赤や青などのわかりやすい仮色で進めることも多いです。その場合、塗りの工程で最終的な色に変える必要があります。一度塗った仮色が複数個所にわたる場合、もう1度塗っていくのは手間がかかります。

そこで、「塗りつぶしツール」のツールプロパティパレットで「隣接ピクセルをたどる」のチェックを外して塗ると、同一色の部分をいっぺんに塗りつぶすことができます。

白目をわかりやすい色で仮塗りしていた場合

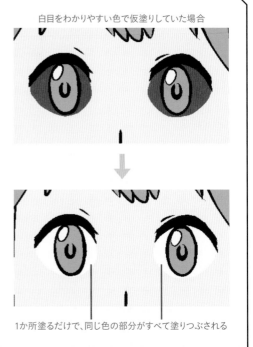

1か所塗るだけで、同じ色の部分がすべて塗りつぶされる

p.114の「横歩き」の動きをCLIP STUDIO PAINTで制作する手順を解説していきます。原画→中割りの順番で描いていきます。

1　1歩目を描く

アニメーション用のキャンバスを作成し、アニメーションフォルダーの外に接地する地面のラインを描きます。さらに、キャンバス作成と同時に作成されたアニメーションセル（以降：セル）［1］に、1枚目の原画を描きます。

1枚目の原画を描く

①

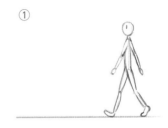

P O I N T
1枚目のポーズは、脚が最も開き、前に出した足が接地した瞬間のポーズで描くことがセオリーです。

P O I N T
原画のアニメーションセルは、パレットカラー（p.69）を変えてわかりやすくしておきましょう。

2　2歩目（1枚目と反対のポーズ）を描く

次に、1枚目とは反対の足が前になる、2歩目の絵を描きます。
① 新規セル［2］を作成します。
② 作成したセル［2］を選択した状態で、アニメーションセルパレット（p.38）にセル［1］をライトテーブルレイヤーとして登録します。登録したライトテーブルレイヤーは、アニメーションセルパレットの「レイヤーカラーを変更 ■∨」でわかりやすい色に変えておきます。
③ ライトテーブルレイヤー［1］の前の足（次の一歩での軸足）の接地部分にアタリをつけておき、ライトテーブルレイヤー［1］を移動（p.43）させ、アタリの位置に後ろ足を合わせるようにします。
④ ライトテーブルレイヤー［1］を参考に、反対のポーズを描きます。

① 新規セルを作成

② セル［1］をライトテーブルレイヤーとして登録

③ ライトテーブルレイヤーを移動

④ 反対のポーズ［2］を描く

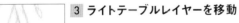

前の足の位置に
アタリをつける

後ろの足をアタリ
に合わせる

① → ②

ライトテーブルレイヤーを参考に描く

3.3歩目（1枚目と同じポーズ）を描く

3歩目の原画を描きます。

1 新規セル[3]を作成します。

2 セル[3]を選択した状態で、セル[1][2]を
ライトテーブルレイヤーとして登録します。

3 ライトテーブルレイヤー[2]の前の足に合
わせて、ライトテーブルレイヤー[1]を移動し
ます。3歩目のセル[3]は、1歩目であるライト
テーブルレイヤー[1]と同じポーズになるの
で、そのままなぞって描きます。

1 新規セルを作成

**2 セル[1][2]をライトテーブ
ルレイヤーとして登録**

3 ライトテーブルレイヤーを移動して[3]を描く

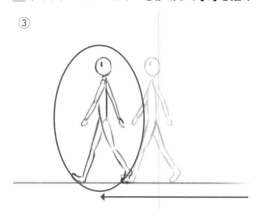

タイムライン

原画セルをそれぞれ、「1」「13」「25」フレーム目に指定し
ています。この後、3コマ（フレーム）打ちで中割りを入れて
いきます。

4.ちょうど真ん中となる中割りを描く

ここからは中割りを進めていきます。まず、セル[1][2]のちょうど真ん中の絵を描きます。

1 セル[1]と[2]の間に、新規セル[1a]を作成します。

2 セル[1a]を選択した状態で、セル[1][2]をライトテーブルレイヤーとして登録します。

真ん中の絵を描く

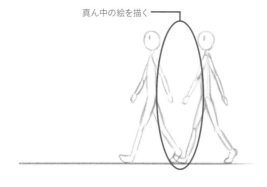

1 新規セルを作成

**2 セル[1][2]をライト
テーブルレイヤーとして
登録**

3 ライトテーブルレイヤー[1][2]を参考に、ラフを描いていきます。上下動による腰や肩の高さを明確にするのがおもな目的です。

4 ライトテーブルレイヤー[1][2]をラフに合わせて移動し、重ねます。

5 それぞれ軸となる関節や移動の軌道を意識しながら、中割りを描いていきます。

POINT

前に踏み出す1歩なので、重心の移動も重要です。頭で考えているだけではどうしてもわかりにくいこともあるので、ときには実際に体を動かしながら描きましょう。

3 ラフを描く

4 ライトテーブルレイヤーを移動して重ねる

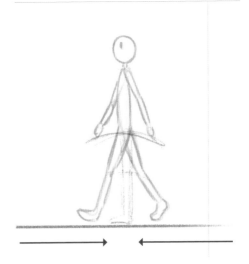

5 関節や移動の軌道を意識し、中割り[1a]を描く

① → 1a → ②

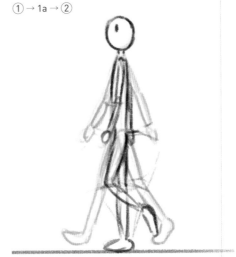

完成

5. 中割りを進める

原画のちょうど真ん中を中割りしたので、次はその間の中割りを描いていきます。基本的な手順は変わりません。

1 セル[1]と[1a]の間に新規セルを作成します。セルを作成すると名称が[レイヤー1]となってしまっているので、ひとまずわかりやすいように[1']という名称に変更しています。

2 セル[1a]と同じように前後のセルをライトテーブルレイヤーとして登録し、中割りを描きます。

3 セル[1a]と[2]の間も同じように中割りをします。新規セル[1b]を作成します。

4 前後のセルをライトテーブルレイヤーとして登録し、動きの軌道が破たんしないように描き進めます。

1 新規セル[1']を作成

2 中割り[1']を描く

① → 1'→ 1a

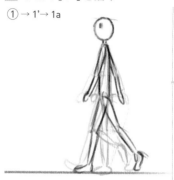

3 新規セル[1b]を作成

4 中割り[1b]を描く

1a → 1b → ②

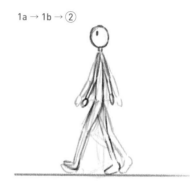

POINT

アニメーションセル[1']は、軸足はかかとを支点に、蹴り足はつま先を支点に地面を蹴るように足を持ち上げるといったことを意識しましょう。繰り返しになりますが、ただ漫然と間を描くのではなく、常に細かい部分にまで気を配って描くことが大切です。

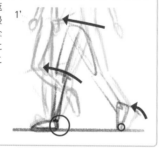

POINT

アニメーションセル[1b]の前へ踏み出す足のももは、前後の絵の間というよりも次の足と同じくらいの位置になります。少し持ち上げて、動きの中で一番高い位置にくるとより自然です。

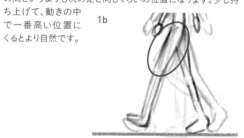

6. 先の動きも同じように描く

セル[2]と[3]の中割りも同様の手順で進めます。

1 ちょうど真ん中にあたるセル[2a]、セル[2]と[2a]の間となる[2']、セル[2a]と[3]の間となる[2b]の新規アニメーションセルを作成し、それぞれ前後のセルをライトテーブルレイヤーとして登録します。

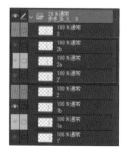

1 新規セルを作成

2 真ん中にあたるセル[2a]、
3 [2']、**4** [2b]の中割りを
ほかと同様の手順で描きま
す。手足が反対になるだけで
大きな違いはありません。

中割りによって動きのイメージが大きく変わるところがアニメーションの面白いところでもありま
す。裏を返せば、中割り1つでイメージが変わってしまうので、それが問題になることもあります。
別の作業者が中割り作業を行う場合、原画作業者はその動きのイメージを「ツメ指示(p.89)」や
メモ、可能な際は直接伝えたり、動画作業者も原画作業者が何を考えて描いているかを読み取
ることも重要になります。

2 中割り[2a]

② → 2a → ③

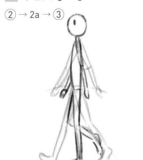

3 中割り[2']

② → 2' → 2a

4 中割り[2b]

2a → 2'b → ③

7. セルの名称を正規化する

動き自体は描き終わったのですが、セルの名称が少々わかり
にくくなっています。そこで、正規化(p.32)を使ってリネームし
ていきます。
[アニメーション]メニュー→[トラック編集]→[レイヤーの
順番で正規化]を実行します。すると、セルの名称が[1]～
[9]までの連番になってわかりやすくなります。
以上が最もオーソドックスな横歩きアニメーションの制作手
順です。

タイムライン

セルを作成したときに、同時にタイムラインに作成したセル
が指定されます。もしセルが指定されていない場合は、タイ
ムライン上でフレームを選択し、[ア
ニメーション]メニュー→[トラック編
集]→[セルを指定]を実行します。セ
ル指定についての詳細は、p.28を参
照ください。
ここでは、セル1枚につき3コマ(フレー
ム)で作成しています。2コマにすれば
早歩きとなり、各セルで使うコマ数を
変えれば印象的な動きにすることも
できます。

レイヤーの順番で正規化

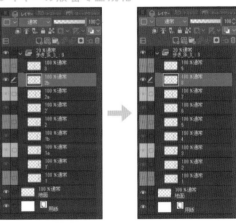

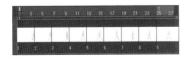

Column

中割りの描く順番

原画2枚、中割り5枚の計7枚で1歩を描く場合でも、手順としてはほぼ
同様に、原画となる絵から描き進め、それぞれの間を埋めていきます。
中割りが5枚の場合、原画[1]、中割り[2][3][4][5][6]、原画[7]の
うち、ちょうど真ん中にあたる[4]を描いた後[2]と[3]のどちらから描
くべきか悩むかもしれません。
結論からいうと、これについては正解といえるものがないため、どちら
でも間違いではありません。
個人的にはですが、歩きの場合(ほかの動きや状況によって異なります)[2]
[3]と順に描いていくのがよいかと思います。

2 | キーフレームを使った アニメーションを制作する

跳ねるボールの動きをキーフレームを使って作成していきます。キーフレームを使うことで、ボールの跳ねる動きを最小の手間で作成できます。

1 | 跳ねるボール（バウンスボール） Chapter3 ▶ 03_003k.clip、03_004k.clip EX

「レイヤーのキーフレームを有効化(p.50)」機能を使った基本的な作例です。p.100の跳ねるボールの動きを参考に作成していきます。

1.ボールのイラストを用意する

アニメーション用のキャンバスを作成し、アニメーションフォルダー内のアニメーションセル（以降：セル）にボールを描きます。地面は背景レイヤーに描きました。

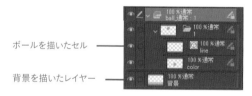

ボールを描いたセル

背景を描いたレイヤー

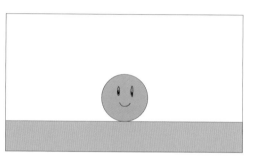

2.キーフレームを追加しながら動きをつけていく

1 [レイヤーのキーフレームを有効化]します。レイヤーにキーフレームを追加・編集などができる状態になります。ボールの動きの開始地点のフレームにキーフレームを追加します。

1 最初のフレームにキーフレームを追加する

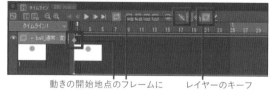

動きの開始地点のフレームに
キーフレームを追加する

レイヤーのキーフ
レームを有効化

POINT

ここでは、キーフレームの補間方法を「等速」に設定しています。
設定方法はp.51を参照してください。

2 キーフレームを追加したフレームを選択した状態で、レイヤー移動ツールでボールを空中に移動させます。**1** で作成したキーフレームにボールの位置情報が記録されます。
なお、レイヤーパレットでセルを選択していた場合、キーフレーム有効時にレイヤー移動ツールが使えません。アニメーションフォルダーを選択している必要があります。

2 ボールを空中に移動させる

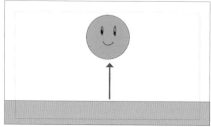

3 地面に接地する動きを作成します。ここでは7フレーム目を選択し、レイヤー移動ツールでボールを移動させます。キーフレームも自動で追加されます。

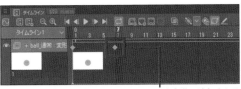

ボールを動かすとキーフレームも自動で追加される

3 ボールを地面に接地させる

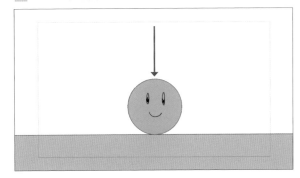

4 接地直後のつぶれる動きをつけます。操作ツールの「オブジェクト」を選択し、ツールプロパティパレットで「拡大率」項目の「縦」の数値を変えます。すると、ボールを縦につぶれた形にすることができます。

選択　　　　　「縦」の数値を下げる

POINT
ツールプロパティパレットで「縦横比固定」のチェックを外すことで、「縦」の数値だけを変更できます。

 チェックを外す

4 ボールをつぶす

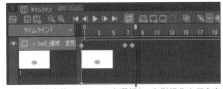

接地直後のフレームを選択し、変形操作を行う変形操作後キーフレームも追加される

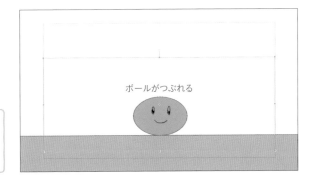

ボールがつぶれる

5 ボールが地面に当たって再び跳ねる動きをつけます。ここでは、13フレーム目を選択し、ボールを空中に移動させます。さらに、4 でつぶしたボールを元に戻します。操作ツールの「オブジェクト」のツールプロパティパレットで「縦」の数値を「100」に戻しました。

POINT
ツールプロパティパレットで「縦横比固定」のチェックを外すことで、「縦」の数値だけを変更できます。

「縦」の数値を元に戻す

POINT
ここでは、キーフレームの補間方法を「滑らか」に設定しています。

5 ボールを再び空中に移動させる

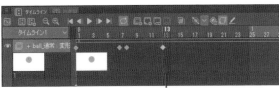

フレームを選択してボールを移動変形する

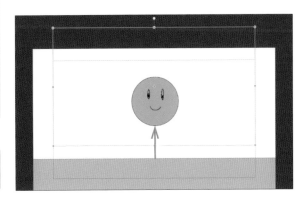

6 19フレーム目でボールが再び地面に接地します
が、直前の18フレーム目にキーフレームを追加して動
きの緩急をつけています。13〜18フレーム目までは滑
らかな動きで落下していきます。

POINT

ツールプロパティパレットで一
部の項目だけ設定すると、キー
フレームの形が小さい◇になり
ます。タイムライン上での表示も
この形になります。

6 滑らかな落下の動きをつける

18フレーム目を選択

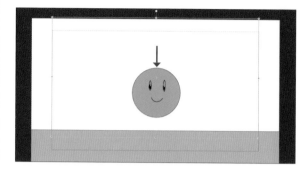

7 さらに、18〜19フレーム目で急激に落下して地面
に接地するような動きにします。

7 急激な落下で地面に接地させる

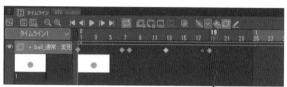

19フレーム目を選択

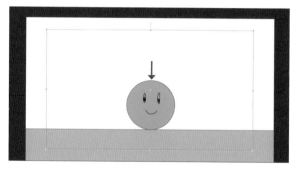

ここから先の跳ねる動きも同じように作成していき
ます。大きく跳ねることはなく、小さく何回か跳ねるイ
メージです。

タイムライン

動きの原理を考えながらアニメーションをつけていきます。跳ねたボールはスタート位置より低くまでしか跳ねない、2度
目3度目とだんだんと跳ねる高さが低くなっていく、低くなったぶん跳ねる間のタイミングも短くなっていくなど、動きの要
素を考えながら移動や変形を行い、キーフレームを使ってアニメーションの作成を進めていきます。

POINT

やわらかくて軽いボールか硬くて重いボールかによってもボールの跳ねる
動き方は変わってきます。p.100-101も参考にしてみてください。

ファンクションカーブでより滑らかな動きにする

ボールが跳ねた後に空中の頂点付近ではゆっくりとした動きで、落下にしたがって加速していくという動きにしたいので、ファンクションカーブ(p.52)を使って調整していきます。グラフ編集をしていない動きと比べると緩急の差とそれによって感じる動きのリアリティの差も出てきます。

ファンクションカーブの編集は高度で複雑な操作にはなりますが、映像編集ソフトや3DCGアニメーションなどでも多用される機能と同種のものになるので、概念として理解しておくと有効です。

ファンクションカーブ編集
モードに切り替える

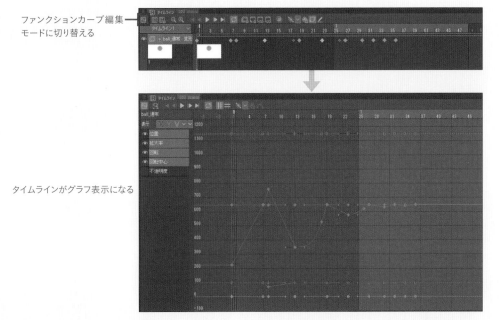

タイムラインがグラフ表示になる

グラフのカーブを調整していきます。グラフの下方向にいくにしたがって跳ねたボールの頂点方向の動き、グラフの上方向にいくにしたがって地面方向の動きのカーブになります。グラフでは上下が逆転した印象にはなりますが、加減速といった動きのイメージが可視化されたようにも感じられます。

ファンクションカーブを
編集したグラフ

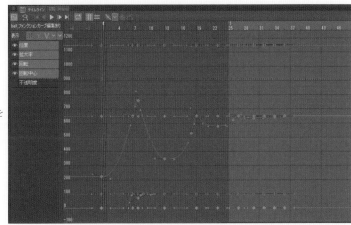

なお、ファンクションカーブを編集をしていると、キーフレームの位置を意図せず越えたカーブができてしまうことがあります。キーフレームを越えたカーブの部分は意図しているよりも大きな動きになってしまうので、その場合はあらたにキーフレームを追加してカーブを編集していきましょう。

3 加工処理

撮影(コンポジット)の工程では、さまざまな加工処理でアニメーションを仕上げていきます。個人で制作するアニメーションにしても加工処理をすることで見栄えが大きく変わってくるものです。ここでは、比較的簡単にできる2つの加工処理を紹介します。

1 グロー効果

Chapter3 ▶ 03_005k.clip

物をぼんやりと発光させたような効果です。アニメーション制作においては、ポピュラーな加工として広く使われています。
ここでは、単純な円を「光る円」に加工していきます。CLIP STUDIO PAINTの機能を使えば、簡単にできます。
なお、グロー効果については、p.138でも解説しているので、参照ください。

正円をグロー効果で発光させる

1.光の拡散を表現する

光の拡散を表現するために、円にぼかしを加えていきます。
1 円を描いたレイヤーを選択し、[レイヤー]メニュー→[レイヤーを複製]を実行します。

1 円のレイヤーを複製

複製元のレイヤーを選択

複製

2 複製したレイヤーを選択した状態で、[フィルター]メニュー→[ぼかし]→[ガウスぼかし]を選択します。「ガウスぼかし」ダイアログが表示されるので、「ぼかす範囲」を「60」に設定して「OK」ボタンをクリックします。

3 すると、複製した円の周囲にぼかしがかかります。

4 複製したレイヤーをさらに複製し、[ガウスぼかし]の「ぼかす範囲」を「200」に設定して、「OK」ボタンをクリックします。これで、ぼんやりと光ったような印象になったのがわかるかと思います。

2 ガウスぼかしをかける

3 円の周囲にぼかしがかかる

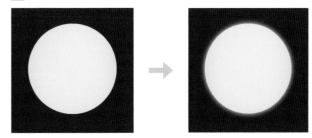

4 さらにガウスぼかしをかけ、円がぼんやりと光ったような印象にする

---

2. 光の発光を強調する

円の合成モード(p.166)を変えて、発光を強調していきます。

1 まず、光の芯(コア)となる円の色を変えます。ベースとなった円(ぼかしを加えていないもの)のレイヤーを選択します。

2 描画色を白に変え、[編集]メニュー→[線の色を描画色に変更]を実行します。選択しているレイヤーの描画部分の色をいっぺんに変える機能です。ベースとなった円を白くします。

3 複製し、ガウスぼかしを加えた円のレイヤーの合成モードを「スクリーン」に変更します。これで、発光が強調されました。

1 ベースの円を選択　　**2 円の色を白に変える**

3 ぼかしたレイヤーを「スクリーン」にする

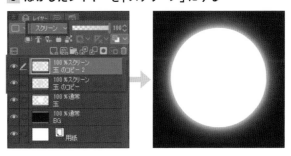

3.光の色を印象的なものに変える

さらに、1番上のぼかしたレイヤーを「線の色を描画色に変更」でオレンジに変更します。すると、周囲のぼやっとした部分にグラデーションが加わり、光の減衰や深みを表現できました。

1番上のレイヤーの色を変える

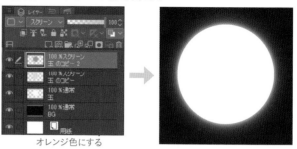

オレンジ色にする

4.円とぼかしの境目をなじませる

ナチュラルな印象に仕上げていきます。
1 ベースとなる円を複製します。
2 p.159と同様に「ガウスぼかし」をほんの少し加えます。すると、光のエッジ（円とぼかしの境目）が少しやわらかくなってなじみます。

1 ベースの円を複製

2 ガウスぼかしをかけてなじませる

Column

グローとディフュージョンの違い

グロー（p.138）が発光体そのものの光と輝きを指すのに対し、ディフュージョン（p.138）は画面全体の光の拡散や反射、その光のやわらかさを指します。これらは、おもにカメラ（レンズ）で撮影した際に起こる現象です。写真を例に違いを見ていきます。

右図は、光源に直接カメラを向けたときの「グロー」の一例です。
丸い光源が力強く輝いています。その周りには青白い光の拡散がうかがえます。
また、十字に延びた光を「レンズフレア」、青丸で囲った光の粒を「ゴースト」と呼びます。これらは、カメラレンズの中で光が反射したことにより発生する現象で、アニメーションやイラストでも強い光の表現として効果的に使われます。

右図は「ディフュージョン」の一例です。
奥からの光や、光の当たっている部分の周りがやわらかく拡散している様子がわかるでしょうか。

2 ディフュージョンフィルター

ディフュージョンフィルターとは、光を拡散させて画面をやわらかい印象にする効果です。グロー効果と並んで、アニメーション制作ではポピュラーな加工になります。

ここではその効果を使い、夕焼けのシーンを制作していきます。手前の人物を背景となじませ、さらにディフュージョンフィルターを加えるまでの手順を解説します。

なお、ディフュージョンフィルターについては、p.138でも解説しているので、参照ください。

ディフュージョンフィルターで印象的にしていく

1.レイヤー構成の確認

まず、加工元となる画像のレイヤー構成を確認しておきます。

それぞれレイヤーフォルダーに分けており、「A」が右側の人物、「B」が左側の人物、「BG」が背景となっています。人物は線画、陰影、塗りのレイヤーを分けて制作しています。

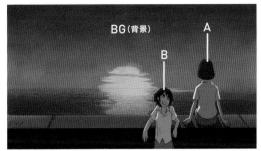 

2.人物の色味を調整する

ディフュージョンフィルターの効果を加える前に、人物の色味を調整して背景となじませていきます。シーンに合った色を設定します。

1 人物の線画を描いたレイヤーの下に新規レイヤーを作成し、人物の陰影を塗った範囲で紫色に塗ります。

2 合成モード「オーバーレイ」に変更します。バランスを見ながら不透明度を下げます。

これで夕焼けの背景と人物が大分なじんだでしょうか。

1 作成したレイヤーを紫色で塗る

2 合成モードをオーバーレイに変える

3.レンズフィルター

レンズフィルター効果を表現し、夕焼けの赤みを
強調していきます。

1 オレンジ色で塗りつぶした合成モード「乗
算」のレイヤーを作成し、人物の範囲以外をレイ
ヤーマスク(p.168)で隠します。不透明度を下げ
て色を調整します。

2 赤色、紫色で塗りつぶした合成モード「ソフト
ライト」のレイヤーを作成し、人物の範囲以外を
レイヤーマスクで隠します。不透明度は大分低
い値にしています。

これで、人物と背景のなじませが終わりました。

1 乗算レイヤーで塗る

2 ソフトライトレイヤーで塗る

> POINT
>
> レンズフィルターとは、カメラのレンズに装着する色
> 味のあるフィルターです。普通に撮影するのとはまた
> 違った色の表現ができます。

> POINT
>
> レイヤー(レイヤーフォルダー)のサムネイルを Ctrl +ク
> リックすると、レイヤーの描画範囲で選択範囲が作成さ
> れます。人物の範囲以外を選択する場合、それぞれの
> 人物のレイヤーフォルダーのサムネイルをクリックし、作
> 成された選択範囲を反転することでできます。
> なお、iPadなどのタブレットデバイスの場合は、エッジ
> キーボード(p.9)を使うか、[レイヤー]メニュー→[レイ
> ヤーから選択範囲]→[選択範囲を作成]を実行します。

4.ディフュージョンフィルター加工のための素材を作成する

ここから、ディフュージョンフィルター
効果の加工に入っていきます。

1 まず、ここまでの作業内容をすべて
コピーし、統合したレイヤーを作成し
ます。[レイヤー]メニュー→[表示レイ
ヤーのコピーを結合]を実行します。す
ると、表示レイヤーがすべて統合された
レイヤーのコピーが作成されます。

2 [フィルター]メニュー→[ぼかし]
→[ガウスぼかし]をかけます。数値は
「50」程度にします。

1 作業内容をコピーし、統合

コピーして統合

統合レイヤー

2 ガウスぼかしをかける

5.ディフュージョンフィルター加工

前ページで統合してぼかしたレイヤーの合成モードを変えて、ディフュージョンフィルター効果を表現します。

1 統合したレイヤーの合成モードを「ソフトライト」にします。暗部が引き締まって光が拡散し、彩度が上がるような効果があります。

2 統合したレイヤーを複製し、合成モードを「比較(明)」にします。下にあるレイヤーよりも、明るい部分だけに色が乗ります。光が拡散し、やわらかな表現が加えられます。

1 ソフトライトで加工

2 比較(明)で加工

6.夕闇を強調する

画面全体のコントラストを強調し、夕闇を強調していきます。

1 ここまでの作業内容をコピー、統合したレイヤーを作成、ガウスぼかしをぼかす範囲「6.00」でかけます。

2 さらに、[レイヤー]メニュー→[新規色調補正レイヤー]から、[色相・彩度・明度][明るさ・コントラスト][トーンカーブ]を作成し、下図のように設定しました。[トーンカーブ]は、各チャンネルを補正しています。

1 作業内容をコピーし、統合

色調補正レイヤー

統合レイヤー

コピーして統合

2 コントラストを調整

色相・彩度・明度

明るさ・コントラスト

トーンカーブ

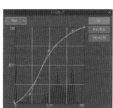

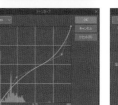

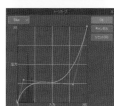

7. ディフュージョンフィルターを強調する

光っている部分と反射している部分を描画し、より強い
ディフュージョンフィルター効果を加えます。
1 新規レイヤーを作成し、太陽からの光の強さや方向を
意識してオレンジ色で塗ります。
2 レイヤーマスクで光の強い部分と反射している部分に
のみ 1 が表示されるように調整します。
3 合成モードを「覆い焼きカラー」にします。光の強度は
不透明度を下げて調整します。これで光の強い部分が強
調され、メリハリも出ました。

1 太陽の光を描画

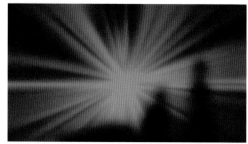

※わかりやすくするためバックを黒にしています

2 レイヤーマスクで必要な部分以外を消す

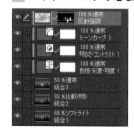 

※わかりやすくするためバックを黒にしています

3 覆い焼きカラーにする

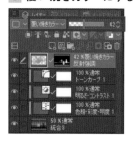 

Column

色調補正レイヤー

色調補正レイヤーを作成することで、レイヤーパレットの作成した場所よ
りも下のレイヤーに対し、各種補正を加えることができます。[レイヤー]
メニュー→[新規色調補正レイヤー]には、今回使った「色相・彩度・明
度」や「トーンカーブ」以外にもさまざまなものが用意されています。
なお、[編集]メニュー→[色調補正]から、選択中の画像に対して直接補
正を加えることもできますが、後々補正の変更ができることと、p.168で解
説する「下のレイヤーでクリッピング」を使った効果範囲の調整などがで
きることから、色調補正レイヤーで作成することをオススメします。

8.最終調整をする

色調補正レイヤーで最終的な調整をしていきます。

1 [レイヤー]メニュー→[新規色調補正レイヤー]→[トーンカーブ]で、明るい部分を強調しました。

2 [レイヤー]メニュー→[新規色調補正レイヤー]→[色相・彩度・明度]で、色調をやや黄色く鮮やかな印象にしました。

これで、ディフュージョンフィルター効果を加えた夕焼けのワンシーンが完成しました。

POINT

また「Adobe AfterEffects」などのコンポジットソフトを使うことで、時間軸をもった光の表現もできます。

A と B は、人物の色調を整え背景となじませたものとディフュージョンフィルター効果を加えたものの比較です。結果は一目瞭然、夕日の強さや光のやわらかさ、夕暮れの雰囲気が出ています。

1 トーンカーブで明るさを強調する

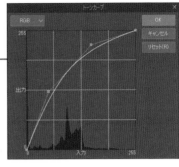

2 色相・彩度・明度で鮮やかにする

A 人物と背景をなじませただけのもの

B ディフュージョンフィルター効果を加えたもの

合成モード

レイヤーの「合成モード」を変えることで、下にあるレイヤーに対してさまざまな効果を
加えることができます。ここでは、よく使うものの一例を紹介します。いろいろと試してみ
ながら覚えていくのがよいでしょう。

まず、人物のシルエットのレイヤー（man）に重ね
た影レイヤー（shadow）の合成モードを変えた
例を紹介します。
なお、下図は合成モード「通常」の場合です。

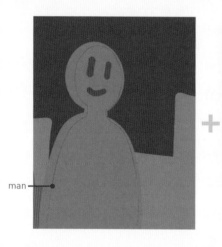

man

+

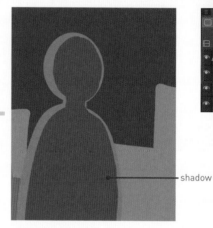

shadow

A 乗算

下のレイヤーに合成モードを変えた色をかけ合わせ
ます。重ねるほど黒くなっていきます。

B 比較（明）

下のレイヤーと比較して明るい部分のみを残します。

次に、作成した車のライトのレイヤー（light）
の合成モードを変えた例を紹介します。な
お、右図は合成モード「通常」の場合です。

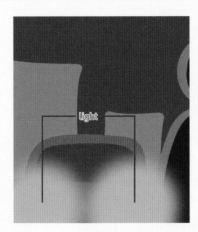

C スクリーン

「乗算」と逆に、明るくかけ合わせます。重ねるほど白
くなっていきます。

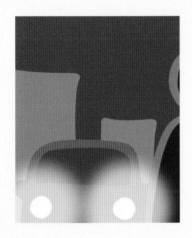

D 加算

下のレイヤーに合成モードを変えたレイヤーのRGB
値を足した色になります。RGB値が足されると明るく
なります。

E オーバーレイ

明るい部分は「スクリーン」、暗い部分は「乗算」でか
け合わせます。コントラストが強くなるため、濃い色の
印象になります。

F 減算

「加算」とは逆に、下のレイヤーと合成モードを変えた
レイヤーのRGB値を引いた色になります。暗くなりま
す。

レイヤーマスク・下のレイヤーでクリッピング

「レイヤーマスク」「下のレイヤーでクリッピング」のどちらも、画像の表示範囲を調整する機能です。

レイヤーマスク
「レイヤーマスク」は、描かれた絵の一部を隠す機能です。

1 レイヤーマスクを作成
表示させたい部分の選択範囲を作成します。レイヤーパレットにある「レイヤーマスクを作成 ◙ 」ボタンをクリックします。

2 選択範囲外が隠れて見えなくなる
「選択範囲外をマスク」が実行され、選択範囲以外が隠れて見えなくなります。レイヤーマスクが作成されたレイヤーのサムネイルの横には、レイヤーマスクのサムネイルが追加されます。

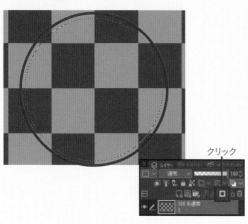

クリック

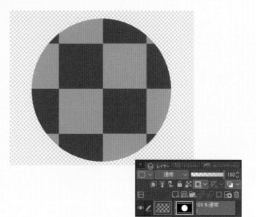

3 マスクで作画
レイヤーマスクのサムネイルを選択してキャンバスをブラシで描画すると、マスクされた部分を元に戻して隠していた絵を表示できます。逆に、消しゴムやブラシの透明色で描画すると、レイヤーマスクを追加できます。右図はレイヤーマスクを使って顔を描きました。なお、レイヤーの絵を消しゴムなどで直接消してしているわけではなく、あくまでマスク(隠している)だけなので、すぐに元に戻せます。

下のレイヤーでクリッピング
続いて「下のレイヤーでクリッピング」は、クリッピングしたレイヤーの画像を下の画像の範囲で表示する機能です。
下のレイヤーに描かれた絵の範囲から塗りをはみ出したくないといった場合はもちろんですが、色調補正レイヤーや合成モードなどを直下のレイヤーのみに効果を与えるようにできます。
色調補正レイヤーを例に解説します。色調補正レイヤーを効果を与えたいレイヤーの直上に置いて、「下のレイヤーでクリッピング ▣ 」ボタンをクリックします。
これで、色調補正レイヤーの効果をクリッピングしたレイヤーにのみ与えることができます。また、「下のレイヤーでクリッピング」は複数のレイヤーをクリッピングしながら重ねることもできます。

Chapter **4**

ショートアニメーション
メイキング

ここまでの応用編として、ショートアニメーションのメイキングを
紹介していきます。人物、エフェクトなどの多岐に渡る作例を
詰め込みました。そのまま実践してもいいですし、もしくは、オリ
ジナル作品のエッセンスとしてテクニックやポイントを取り入
れてみてください。

1 ループアニメーション

ここでは、英字のメタモルフォーゼ（p.132）と2014年→2015年の年越しをイメージしたループアニメーションのメイキングを紹介します。「アニメーションスタンプ」（p.58）やWeb上で見られる「アニメーションGIF」（p.57）は、短い動きの中で面白味のあるループ要素を入れていくのがポイントとなります。

1 メタモルフォーゼ（モーフィング）　　　　　　Chapter4 ▶ 04_001k.clip EX

p.132で紹介した「A」「B」「C」へメタモルフォーゼするアニメーションをCLIP STUDIO PAINTで作成します。今回は、ループアニメーションとしての面白さも取り入れています。

動きのイメージ

・まったく違う形がつながっていく
・中割り（間の絵）で動きが決まる
・やわらかなイメージ

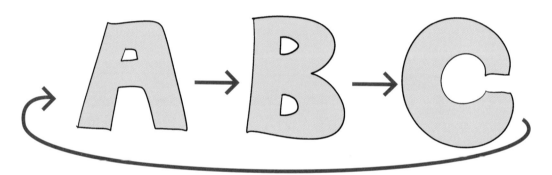

1.アニメーションセルに原画を描く

1 ［ファイル］メニュー→［新規］からアニメーション用の新規キャンバスを作成します。「A」「B」「C」への変化は、それぞれ3枚の中割りで行う想定なので、フレームレート「24」、フレーム数「36」で作成しました。

2 原画用のアニメーションセル（以降：セル）を作成します。今回はレイヤーフォルダーを1枚のセルとし（p.33）、線画（line）と塗り（col）でレイヤーを分けています。

1 キャンバスを作成

2 セルを作成

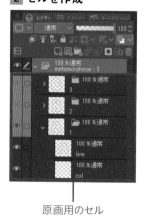

原画用のセル

3 セル[1]が「A」、[2]が「B」、[3]が「C」
の原画です。

POINT

後々塗りつぶしツールが使いやすいように、
アンチエイリアス(p.71)をオフにしたペンで
描くとよいでしょう。

3 原画を描く

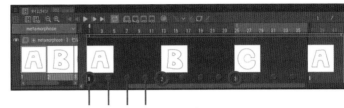
① ② ③

タイムライン

右図は、原画を描いた段階でのタイムラ
インです。原画の間に3枚、それぞれ3コ
マ(フレーム)のタイミングで中割りしてい
くので、原画と原画の間が12コマ空い
ています。

原画　中割りの入るタイミング

POINT

ループ表現を作画する際には、終了フレームの外側のフレームに最初のフレームを指定しておきま
しょう。[C]から[A]への中割りを描く際に、オニオンスキン(p.49)で前後の原画が確認できるので
便利です。

POINT

タイムラインパレットのアニメーションフォルダーやレイヤーは、トラック(p.24)とも呼称します。

トラック

2.中割りのためのセルを作成する

それぞれの原画の真ん中に、中割り用のセルを作
成します。
1 タイムライン上で中割りを入れるフレームを選
択します。ここでは、「7」「19」「31」フレームです。
2 [アニメーション]メニュー→[新規アニメーショ
ンセル]で、セルを作成します。

1 中割りを入れるフレーム
を選択

2 中割り用のセルを作成

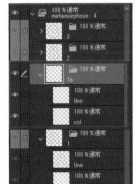

POINT

1つ前のセルがレイヤーフォルダーの場合、
フォルダー構造を引き継いだセルを作成でき
ます(p.33)。

POINT

各セルのタイミングは、後々タイムライン上で
変更することもできます(p.27)。

3. オニオンスキンを使って中割りを描く

「オニオンスキン（p.49）」を使用して、前後のセルを見ながら中割り（間の絵）を描いていきます。

1 タイムラインパレットの「オニオンスキンを有効化▣」ボタンをクリックし、中割りの前後（原画）を表示します。

2 3 4 で「A」から「B」、「B」から「C」、「C」から「A」への変化（メタモルフォーゼ）の中割りを描きます。「C」から「A」の間では、単純な中割りではなく、回転して変化するような遊びを入れてみました。

1 オニオンスキンを有効化

中割り前後の原画を表示

2 AからBへの変化

①→1a→②

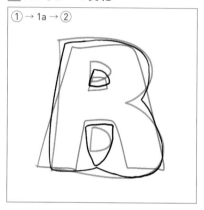

3 BからCへの変化

②→2a→③

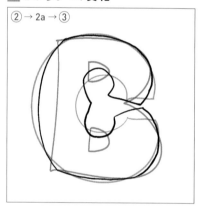

4 CからAへの変化

③→4→①

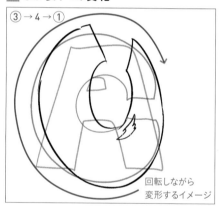

回転しながら
変形するイメージ

POINT

中割りは、基本的に前後のセルの線の間に線を引いていけば、メタモルフォーゼして見えます。

前後の間の線を描く

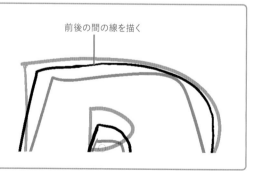

4.さらに中割りを描く

描いた原画と中割りの間に、さらに1枚ずつ新規アニメーションセルを作成し、中割りをしていきます。セルの名称がわかりにくいですが、最終的に正規化してリネームするので、この時点では仮のものでかまいません。

中割りを増やす

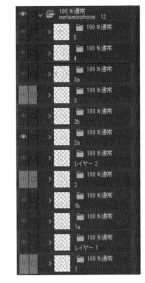

POINT

回転して見えるように中割りをするポイントですが、少しだけオバケ表現（p.134）を入れてみると、動きを捉えやすくなります。また、ここで追加する中割りであれば、セル[レイヤー1]をセル[1]、[1b]を[2]の原画に近づけた絵にすることで加速、減速感が出ますし、動きがつながって見えやすいです。

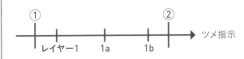

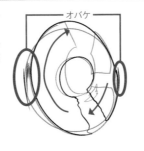

タイムライン

右図は、中割りがすべて終わった段階でのタイムラインです。原画の間に3枚、それぞれ3コマ（フレーム）のタイミングで中割りしているのがわかると思います。

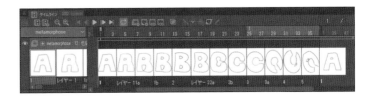

5.色塗り、アニメーションセル名を正規化して完成

① 塗りつぶしツールの「他レイヤーを参照（p.72）」を使って、色塗り用のレイヤー（col）に色を塗ります。

② このままでは、アニメーションセルの名称がわかりにくいので、[アニメーション]メニュー→[トラック編集]→[レイヤーの順番で正規化]（もしくは、[タイムラインの順番で正規化]）でリネームします。正規化に関しては、p.32も参照ください。

これで完成です。

POINT

色も個別にグラデーションして変わっていくなどすると、面白いかもしれません。

1 色を塗る

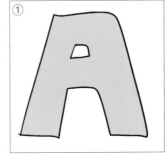

2 正規化する

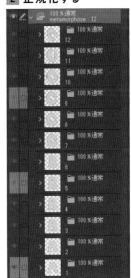

2 年越しループアニメ

Web上のとくに「アニメーションGIF（p.57）」としてアップロードする場合、繰り返されることを意識して作成することが多いです。

短く簡潔、かつ面白味のあるループアニメーションは、自然と無限に眺めてしまうことがあったりします。こういった作品は、絵の巧拙よりもアイデア勝負なところが面白さであるように思います。

ここでは、2014年（午年）から2015年（未年）への年越しをテーマにしたアニメーションの工程を解説します。

1. 低いフレームレートでのキャンバスの作成

［ファイル］メニュー→［新規］からアニメーション用の新規キャンバスを作成します。

フレームレートは「8fps」に設定しました。シンプルな動きと構成にしようと思ったので、今回はフレームレートを低く設定しています。

「新規」ダイアログ

POINT

フレームレート「8fps」は、「24fps」では、3コマ（フレーム）打ちのタイミングになります。

POINT

「アニメーションGIF」形式で書き出す際に、フレームレートを低くすることによって、絵の枚数が減り、容量が軽くなるといった利点もあります。

2.ラフを描いてイメージを固める

馬に羊毛を着せることで、「馬が羊になる」というワンアイデアをラフにしていきます。ベルトコンベアで羊毛を着せ続けるという淡々と変なことをし続ける面白さみたいなものを思いついたので、ここから形にしていきます。

P O I N T

頭に思いついたアイデアは、文字でも絵でもかまわないので、必ずアウトプットしましょう。そうすることで、アイデアがまとまり、あらたに見えてくるものもあります。

ラフを描いてイメージを固める

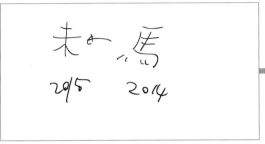
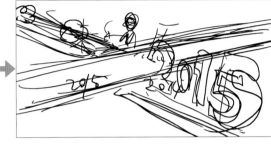

3.ラフで動きの設計をする

イメージが固まったら、さらにラフを描き進め、動きの設計をしていきます。きちんとループになるかどうかも考えながら、動きの幅やタイミングを決めていきます。

動きを決める

P O I N T

ベルトコンベア上は、コピー＆ペーストした絵をスライドさせることで、絵だけでなく制作工程もできる限りシンプルにしています。パース感もありません。

コピー＆
ペースト

コピー＆
ペースト

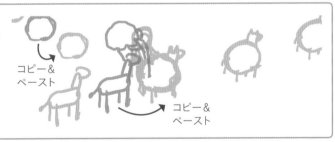

タイムライン

全体のフレーム数やタイミングも、この時点で決めてしまいます。今回は、全体12フレームの、1コマ（フレーム）打ちで制作することにしました。

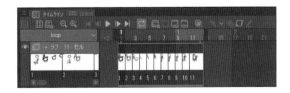

Chapter
4

ループアニメーション

4.ベルトコンベアを描く

ベルトコンベアは、12枚すべての動きを描くのではなく、4枚ずつのループにしました。奥のベルトコンベア用のアニメーションセル（以降：セル）が格納されたアニメーションフォルダー[belt1]と手前のベルトコンベア用の[belt2]を作成します。その中に計4枚ずつセルを作成し、セル[1]に原画を描き、[1]と[1]のループとなるように中割りをします。セル[1]→[3]→[2]→[4]の順番で描くのがよいでしょう。

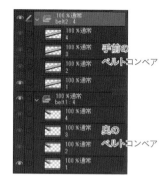

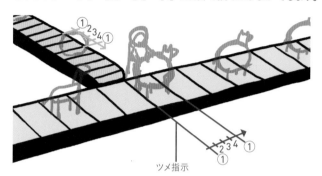

アニメーションフォルダーとセルを作成し、
ベルトコンベアの動きを描く

等速で動くため、
均等割になっている

タイムライン

全体12コマ（フレーム）のうち、4枚ずつのループとなっているので、3ループで一巡する構成になります。

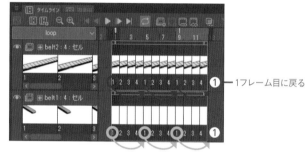

5.ローラー部分（プーリー）を描く

ベルトコンベアのローラーのような部分（プーリー）は、若干ずらしてトレースした2枚の絵を、交互に表示させることで動きを表現します。アニメーションフォルダー[belt3]を作成し、セル[1]に白で円を描きます。さらにセル[2]に[1]を若干ずらしてトレースします。

POINT
この手法を「同トレスブレ」といいます。

同トレスブレでローラー
部分を描く

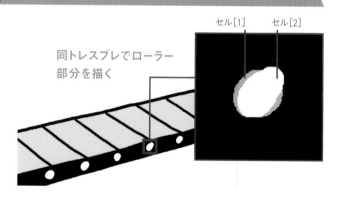

タイムライン

「同トレスブレ」で描いた2枚の絵を交互に表示させます。

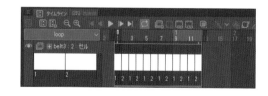

176

6.馬と羊毛を描く

ベルトコンベアに乗る馬と羊毛を描いていきよす。

1 アニメーションフォルダー[uma]と[hitsuji]を作成します。それぞれのアニメーション
フォルダーの中にセルを作成するのですが、ここでは、レイヤーフォルダーを作成します。作
成したレイヤーフォルダーは、セルとして扱われます(p.33)。

2 アニメーションフォルダー[uma]のセル[1]にベースになる馬を、[hitsuji]のセル[1]に
羊毛をそれぞれ描きます。

3 馬と羊毛それぞれを、コピー&ペーストして複製し、合体します。

1 **セルを作成**

2 **ベースとなる馬と羊毛を描く**

3 **複製して合体**

7.馬と羊毛を複製する

さらに、馬と羊毛を合体した絵を複製し、移動して配置していきます。基本的にベルト
に乗った動きは、複製と移動配置を繰り返して作成します。

セル作成の順番は、セル[1]の後[7][4][10]と真ん中を中割り、以降は偶数枚数とな
りますので真ん中を中割りするのではなく、1／3ずつ中割りを進める形で、[2][3][5]
[6][8][9][11][12]と進めていきました。

POINT

移動のガイド線を引いておく
と、ズレることなく複製と移動
ができます。

ベルトの移動幅に合わせて複製と移動配置

移動のガイド線

POINT

セル(レイヤー)を複製すると、別のセルと
なります。セル同士の結合というのはアニ
メーションフォルダー内ではできません。
しかし、レイヤーフォルダー内であれば、
レイヤーを結合することができます。つま
り、今回のようなレイヤーを複製して結合
する作業が発生する場合、レイヤーフォル
ダーをセルとしておいたほうが何かと便利
です。各レイヤーフォルダー内にレイヤー
を複製し、結合することが可能となります。

タイムライン

ベルトコンベアの移動幅に合わ
せて、1フレームずつ絵を切り替
えていきます。

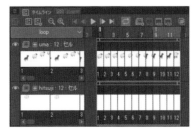

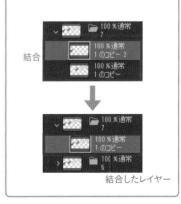

結合

結合したレイヤー

8. 人物の原画を描く

羊毛を取って着せる人物を描いていきます。
ベルトコンベアの奥に立っている人物なので一番下にアニメーションフォルダー[man]を作成します。[man]の中にセルを作成し、まず羊毛を着せ終えたセル[1]の原画を描きます。

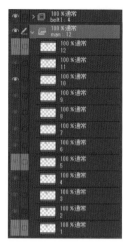

1枚目の原画を描く

①

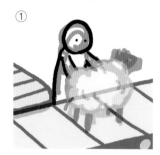

POINT

今回のようにタイミングが均等割りでセルの枚数が決まっている場合は、はじめから必要枚数のセルを作成しておくとよいでしょう。

POINT

ほかのアニメーションフォルダーの透明度を下げるなどすると作業しやすくなります。

9. セルをまたいで人物を描く

羊毛をつかんだセル[5]を描きます。人物は一番下のアニメーションフォルダー[man]で作画していますが、部分的に羊毛のセルよりも上になる部分があります。そこで、羊毛よりも上になる部分と下になる部分とで、描くセルを変えます。
1 下になる部分は、[man]の中のセル[5]に描きます。
2 上になる部分（羊毛と左腕）は、[hitsuji]の中のセル[5]に描きます。

続いて、馬に羊毛を着せるセル[12]を描きます。
3 下となる部分は、[man]の中のセル[12]に描きます。
4 上になる羊毛の着せる絵は、[uma]の中のセル[12]に描きます。

1 下になる部分を描く

⑤ [man]のセル[5]に描く

2 上になる部分を描く

⑤ [hitsuji]のセル[5]に描く

3 下になる部分を描く

⑫ [man]のセル[12]に描く

4 上になる部分を描く

⑫ [uma]のセル[12]に描く

POINT

着せる瞬間の羊毛は、少し左右に圧縮されたような形にすることで勢いをだしています。さらに、効果線を少し描くことで下に落ちる表現を強調しています。

効果線

10.中割りを描く

ライトテーブル機能(p.38)を使って、人物の中割りをしていきます。

1 セル[1][5]の間となる[3]から描き進めます。アニメーションセルパレットにセル[1][5]をライトテーブルレイヤーとして登録します。さらに、セル[5]は、左腕をアニメーションフォルダー[hitsuji]のセルに描いていたので、[hitusji]のセル[5]も登録します。登録したライトテーブルレイヤーは、レイヤーカラー ■✓ を変更して見やすくします。

2 これで、前後の絵を参考に中割りできます。

3 原画のセル[1][5][12]を描いたら、[3][9][2][4][7][6][8][10][11]と中割りを進めるのがよいでしょう。

[6]は原画の[5]と同様に、左腕を[hitsuji]の中のセル[6]に描いています。

[7]から[11]は、羊毛も一緒に描きました。

**1 ライトテーブル
レイヤーとして
登録**

[hitsuji]のセル[5]も登録

**2 前後のセルを参考に
中割り**

POINT
ライトテーブル機能はオニオンスキンと異なり、前後のセルに限らず参考にできるので、複数セルを参考にしながら描きたい場合はこちらを使うとよいでしょう。

3 すべての中割りを描く

11.背景などを描き、色塗りをして完成

1 アニメーションフォルダーの外に背景やロゴ用の通常レイヤー(レイヤーフォルダー)を作成します。アニメーションフォルダー外のレイヤーはタイムラインに関係なく常に表示されます。

2 背景やロゴ(2015)を描き、塗りつぶしツールで人物の色を塗って完成です。

POINT
塗りつぶしツールの「他レイヤーを参照(p.72)」を使えば、線がセルをまたいでいても塗りつぶせます。

**1 通常レイヤー
（レイヤーフォルダー）
を作成**

2 完成

2 | 人物の動き（応用編）

Chapter2で学んだ人物の動きを基本に、実際にキャラクターとして描き起こした人物の動きを見ていきます。基本はしっかりと押さえつつ、その人物のキャラクター性のようなものを加えることで、より「らしい」動きになります。

1 走る女の子

Chapter4 ▶ 04_003k.clip

走る動きの基本は、p.117で解説しました。ここでは、基本を押さえたうえで、いわゆる「女の子走り」の特徴を加えた例を紹介します。女の子はその場で動いているので、ループアニメーションにもなっています。

動きのイメージ

- ・女の子の軽快な走り
- ・ポニーテールの揺れで動きを補強
- ・走りの基本を押さえたうえで、よりその人物らしい走りといったものを表現（今回であれば女の子らしさ）

1.ラフを描いて動きを決める

今回は、まずラフを描いて動きを固めていきます。

1 アニメーションフォルダー[rough]を作成し、その中にアニメーションセル（以降：セル）を4枚作成します。ここに原画のラフを描いていきます。

2 接地の瞬間（セル[1][3]）と一番沈んだタメの部分（セル[2][4]）を、両足それぞれ4枚の原画で描いていきます。手は緩く握る程度で、腕の振りもやや横に広げるように振ることで女の子らしさが出ます。脚の運びはアスリートのようなものではなく、前にも大きく出しすぎず、蹴り脚の跳ね上げも上げすぎない程度にしています。

1 ラフ用のセルを作成

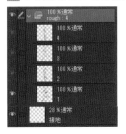

POINT

足の接地のポジションを間違えないように、接地ラインを引いておきましょう。アニメーションフォルダー外のレイヤーに描いておけば、タイムライン上のどのフレームでも表示されます。

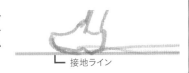

← 接地ライン

2 4枚の原画を描く

手は緩く握り、腕の振りもやや横に広げるようにする

④ ③ ② ①

タイムライン

この後、原画と原画の間に1枚ずつの中割りを入れていくので、4コマ（フレーム）打ちで原画を描き進めています。

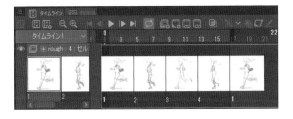

POINT

人物は、いきなり服も一緒に描こうとせず、まずは体のアタリをきちんと描きましょう。服は、アタリに着せるイメージで描いていきます。

体のアタリを描く

服を着せるイメージ

POINT

一見、原画セル[2]は全体で最も低い位置になるため「沈み込み」の絵に見えます。そのため、p.117の走りの描き方と違うのでは？と思った方もいるかもしれません。しかし、この人物の動きの場合、これは「踏み出し」に移行している絵となります。
このようにキャラクター性やシチュエーション、動きのテンポなどの状況によって原画や中割りの絵は変わってきますので、基本はあくまで基本として、臨機応変に描き分ける必要があります。

2. 原画を清書する

1 アニメーションフォルダー[run]を作成します。その中にレイヤーフォルダーを作成し、線画用(line)、塗り用(col)のレイヤーを作成します。これで、レイヤーフォルダーが1枚のセルとして扱われます。

2 原画のラフを参考に、セル[1][2][3][4]の線画用レイヤー(line)に清書します。

POINT

アニメーションフォルダー[rough]は、清書しやすいように不透明度を下げておきましょう。

1 原画用のセルを作成

2 ラフを参考に原画を描く

①

3. 中割りをする

原画の間を1枚ずつ中割りしていきます。

1 セル[1]と[2]の間の中割りを例に解説していきます。[1]と[2]の間に新規セルを作成すると、[1a]という名称のセルが、[1]と同じ構造のレイヤーフォルダーで作成されます。

2 「オニオンスキン(p.41)」を有効にして、[1a]の前後のセル([1]と[2])を表示し、中割りを描きます。

3 [2]と[3]、[3]と[4]、[4]と[1]の間も同じように描いていきます。p.87でも解説したように、全体の動きがゆったりとした曲線になるようなイメージで描きます。

1 前後のセルを参考に中割りをする

オニオンスキンを有効化

① → 1a → ②

2 中割り用のセルを作成

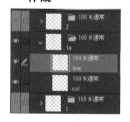

3 全体の動きが完成

5　　④　　3a　　③　　2a　　②　　1a　　①

タイムライン

原画、中割りともに2コマ（フレーム）打ち、計8フレームの走り
になります。8フレーム目の後に1フレーム目に戻すことで、自
然なループアニメーションにもなります。

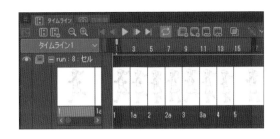

4.色を塗る

1 各セル（レイヤーフォルダー）の色塗り用の
レイヤー（col）に色を塗っていきます。また、
影用のレイヤー（sh）を作成し、地面に落ちる
影を描いています。

2 今回は、塗りつぶしツールによる塗りつぶ
しではなく、ブラシを使って塗っていきます。
線画も含めてアナログっぽい感じを出した
かったので、影やハイライトを意識する程度
でざっくりとした塗りにしました。

**1 色塗り用の
レイヤーを選択**

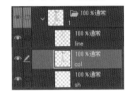

2 アナログ感を出して塗る

> **POINT**
>
> 今回使っているブラシは、素材提供されている
> 「redjuice氏」作の「鉛筆R」と「コンセプト1」で
> す。
> 素材のダウンロードに関しては、p.78を参照くだ
> さい。
>
> 鉛筆R
>
>
>
> コンセプト1

> **POINT**
>
> ポニーテールの付け根の部分は頭の動
> きに追随します。毛先になるほど頭の動
> きに遅れ、さらに振り子の動き（p.89）が
> 加わるイメージです。
>
> 動きのイメージ
>
> 簡略化した図
>
>

2 スキップ

「歩き」と「走り」の応用編のような動きです。下記のようなことを考えながら、動きのイメージを固めていきます。

動きのイメージ

- ・軽やかさ
- ・スキップのリズムで緩急をつける
- ・軽くジャンプするくらいのイメージでステップを踏む
- ・一瞬滞空する
- ・蹴り脚で着地する
- ・蹴り脚が軸足となり、次のステップへ

1.キャンバスを作成してラフを描く

フレームレート「24fps」のアニメーショ
ン用のキャンバスを作成します。
1 アニメーションセル(以降:セル)の構
成はレイヤーフォルダーを使い、線画
(line)、色塗り(col)、ラフ(rough)とそれ
ぞれ別で作業できるようにベースのレ
イヤーを作成します。
2 ラフ用のレイヤー(rough)にラフを
描きます。

1 セルを作成

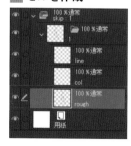

2 ラフを描く

POINT

歩きや走りと同じように、着地する地面の
アタリからつけていきます。接地面が大
切なので、きちんと意識しておきましょう。

2.ラフで動きを決める

今回はラフの段階で全体の動きを決めていきます。細かいディティールは気にせず、動きだけはわかる程度に、セル[1][2][3]……と順番にざっくり進めていきます。どれが原画で中割りといったことも、この時点では気にしません。

[アニメーション]メニュー→[新規アニメーションセル]でセルの枚数を増やしながら、「オニオンスキン(p.49)」で前の絵を透かして描き進めます。

1 蹴り脚で片足ジャンプするくらいのイメージでステップを踏み、2 一瞬滞空し、3 蹴り脚で着地します。

そして次のステップへと移行しますが、この次の足へ移行する絵は、今度はむしろ枚数を飛ばすくらいのイメージで速やかにジャンプまで持っていきます。そうすることで動きの緩急がつき、スキップ特有の「軽快なリズム」になります。

4 右足も着地させ、右足で踏ん張って、5 左足で勢いをつけ、6 ステップを踏みます。6枚目以降は蹴り脚が逆になっただけで、1〜5枚目と同じように描いていきます。

このように一連の動きの中で絵に起こすポイントや枚数を考え、動きのイメージをコントロールします。

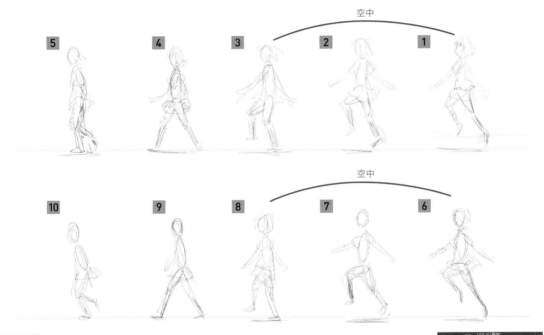

POINT

スキップのイメージである「軽やかさ」「リズム」を意識したタイミングを考えて描きます。走りの動きでは空中にいる絵は少なく、あるいはなくても走って見えたりしますが、スキップでは「滞空の絵」が重要になってきます。

ポーズのイメージはその都度自分で動いて確認しましょう。実際このときもスキップのイメージは頭の中にあったものの、描きはじめてみると「あれ？」となり、部屋の中をスキップして周っていました。

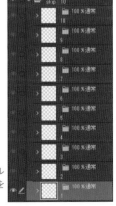

アニメーションフォルダーに10のセルを作成している

タイムライン

ラフ10枚で一連の動きを描き、それぞれ3コマ（フレーム）打ちのタイミングでタイムラインを設定しました。

POINT

タイミングが最初から決まっているなら、タイムラインパレットで任意のフレームを選択した状態で新規セルを作成しましょう。選択したフレームの位置にセルが作成されます(p.27)。

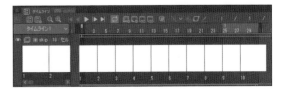

3. ラフを微調整する

ラフができてきたら、タイムラインパレットの「再生／停止」で動きを繰り返し見つつ、タイミングやポーズ、プロポーションを確認、描き直したり、形を変形して調整していきます。

1 選択範囲ツールの「投げなわ選択」を選択します。

2 微調整をしたい範囲を囲います。

3 「自由変形」で位置や形を変えていきます。

1 「投げなわ選択」を選択

2 微調整したい範囲を囲う

囲う

3 「自由変形」を使って調整

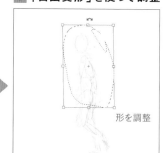

形を調整

4. 線画を清書する

1 ラフ(rough)の不透明度を清書がしやすいように下げ、線画用のレイヤー(line)に清書をしていきます。

2 まずは、原画となるセル[1]の清書を行います。描くセルのラフだけでなく、オニオンスキンで前後のラフを確認しながら行います。

1 線画を描く
　レイヤーを選択

2 清書する

①

Column

自由変形

[拡大・縮小・回転](p.74)で Ctrl キーを押しながら各ハンドル □ をつかんでドラッグすると、自由に形を変形できます。
[編集]メニュー→[変形]→[自由変形](Ctrl + Shift + T)を選択しても、同じ操作ができます。

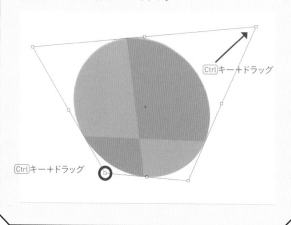

5.左右が逆のポーズを清書する

セル[1]が清書し終わったら、左右が逆で同じポーズ
の[6]を清書します。

1 アニメーションセルパレットにセル[1]をライト
テーブルレイヤーとして登録(p.40)します。

2 登録したライトテーブルレイヤー[1]をセル[6]の
ラフに合わせて配置します。

3 セル[6]の清書をしていきます。

POINT

ライトテーブルレイヤーとしてセル[1]を登録し、それを参
考に描くことで、プロポーションが大きく破たんすることも
減ります。また、同様のポーズなので、ラフだけから清書す
るより描きやすくもなります。

1 ライトテーブルレイヤーとして登録

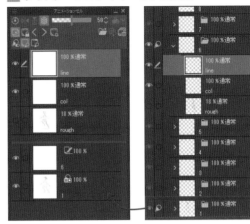

2 ライトテーブルレイヤーをラフに合わせて配置

登録したライトテーブ
ルレイヤーを移動して
[6]のラフに合わせる

3 清書する

⑥

POINT

ほかのセルを描く場合も、とくに顔などは、絵の崩れが目につき
やすいので、清書した絵を参考に描いていきます。

POINT

地面に落ちる影は、色塗り用のレイヤー(col)に塗ります。

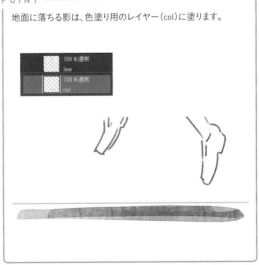

6.清書を進める

前後のセルをライトテーブルレイヤーとして登録しつつ、清書を進めていきます。原画となるセル[1][6]と描いたら、間の中割りセル[3][4][2][5]と進めます。[6]以降も、[6]と[1]の間の[8][9][7][10]と描いていきます。

清書が完成

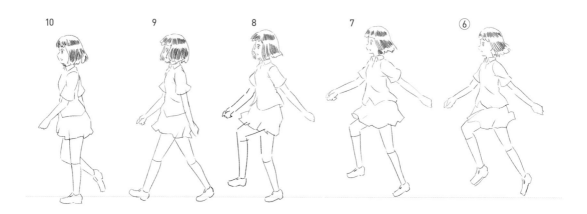

POINT

腕の振りは、走りより伸びやかに、歩きより大きくしなやかな振り子運動のようなイメージです。跳んでいる間は、ゆったりとタメてステップを踏むときに一気に加速し、次のジャンプに勢いをつけて移行していきます。
肘から先、腕先に行くほど少し遅れてついてくるイメージで動かすことで、力を入れすぎていない、しなやかさを表現できます。

※腕の振りをわかりやすくするため、頭の位置でセルを合わせて重ねている

ツメ指示

7. 色を塗る

1 色塗り用のレイヤー（col）に色を塗っていきます。

2 p.180の走る女の子と同じように、線画も含めてアナログっぽい感じを出したかったので、影やハイライトを意識する程度でざっくりとした塗りにしました。

1 塗り用のレイヤーを選択

2 アナログ感を出してざっくりと塗る

3 すべてのセルが塗り終わったら完成です。

3 完成

POINT

ここでもブラシは、「redjuice氏」作の「鉛筆R」と「コンセプト1」を使っています。
素材のダウンロードに関しては、p.78を参照ください。

POINT

アニメーションでは何枚も同じ色を塗る必要があるので、「カラーセットパレット（p.18）」に色を登録しておくか、絵の具のパレットのように、使う色を別のレイヤーに塗っておくと便利です。

使う色を塗った
レイヤー

Chapter
4

人物の動き（応用編）

背景との合成

今回は背景にも動画をつけ、「follow（フォロー）」(p.137)と呼ばれるカメラワークに見せていきます。

人物の塗りは終わりましたが、このままでは背景と合成したときに、右図のように透けてしまいます。

そこで、人物の透明部分も塗る必要があります。

人物の範囲で下地を塗り、マスクを作成していきます。

1 人物を作画したアニメーションフォルダー[skip]の下に、[skip_mask]というあらたなアニメーションフォルダーを作成し、マスク作業をします。アニメーションフォルダー[skip_mask]には、[skip]と同じ枚数のセル（レイヤー）を作成しておきます。

2 アニメーションフォルダー[skip]のタイムラインを[アニメーション]メニュー→[トラック編集]→[コピー]（p.31）し、[skip]と[skip_mask]が同じタイミングになるように「貼り付け」します。タイムラインの1フレーム目を選択した状態で貼り付ければ、同じタイミングになります。

1 マスク用のアニメーションフォルダーを作成

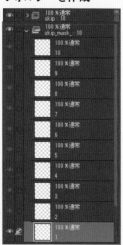

2 タイミングをコピー

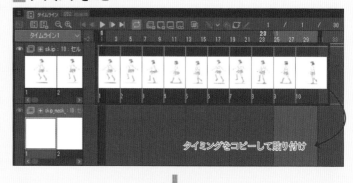

タイミングをコピーして貼り付け

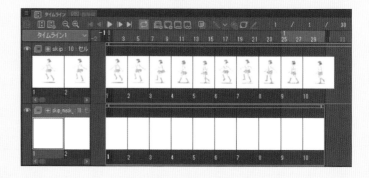

3 線画の線がつながっていない部分をつないでいきます。[skip_mask]に作成したセルで、わかりやすい色（ここでは、赤色）を使って穴を埋める感じです。

4 線をつなぎ終わったら、「自動選択ツール」の「他レイヤーを参照選択」を使い、人物の外側にあたる部分を選択します。

5 [選択範囲]メニュー→[選択範囲を反転（Ctrl+Shift+I）]し、線をつないだ色で[編集]メニュー→「塗りつぶし（Alt+Delete）]ます。

6 3〜5をアニメーションフォルダー[skip_mask]のすべてのセルに作成します。これで、人物のマスクが完了です。マスクの色をわかりやすい色にしていたので、[編集]メニュー→[線の色を描画色に変更]し、白で塗りつぶしておきます。

7 アニメーションフォルダー[BG]を作成し、そこに[ファイル]メニュー→[読み込み]→[画像]（p.66）で背景素材を読み込みます。

8 読み込んだ背景素材をタイムラインに[アニメーション]メニュー→[トラック編集]→[セルを一括指定]（p.30）します。

9 これで完成です。なお、必要に応じて、色調補正等で背景となじませる処理を加えます。

3 線をつなぐ

4 人物の外側を選択

※ピンク色の部分が選択されている

5 選択範囲を反転して塗りつぶす

6 すべてのセルに人物マスクを作成

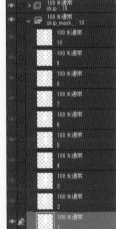

7 [BG]に背景素材を読み込む

9 完成

8 背景素材をセル指定する

3 ジャンプ

p.119のジャンプの動きの基本を押さえたうえで、ぴょんぴょんと跳ねる女の子のループアニメーションを描きます。

動きのイメージ

- ・ぴょんぴょんと可愛らしく
- ・やや誇張した滞空感で緩急のある気持ちのよいリズム感
- ・ジャンプのときの服や髪の動き

1.キャンバスを作成してラフを描く

フレームレート「24fps」のアニメーション用のキャンバスを作成します。

1 アニメーションセル（以降：セル）の構成は、レイヤーフォルダーを使い、線画（line）と色塗り（col）とでレイヤーを分けています。今回、ラフは1枚目のベースとなる絵だけを描くため、ラフ用のレイヤー（rough）はアニメーションフォルダーの外側に作成しました。

2 ラフ用のレイヤー（rough）にラフを描きます。ジャンプの頂点から描きます。接地するラインを引き、ジャンプの高さなども決めていきます。

POINT

地面に落ちる影を描くことで地面との距離感などがイメージしやすくなります。

1 セルを作成

2 ラフを描く

2.ジャンプの頂点を清書する

ジャンプの頂点の原画をセル[1]に清書します。

[1] セル[1]の線画用レイヤー(line)にラフを参考に清書をします。清書がしやすいように、ラフを描いたレイヤーの不透明度を下げて見やすくしておきます。

[2] ジャンプの頂点では、服や髪などは空気抵抗や重力の影響は受けずにニュートラルな状態にします。ポーズも同様です。

1 清書をする

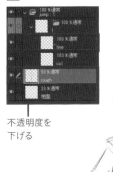

不透明度を
下げる

2 ニュートラルな状態
で描く

①

3.着地の原画を描く

着地の瞬間の原画をセル[2]として描きます。

[1] 新規セルを作成します。作成されたセル[2]は、セル[1]の構成を引き継いでいます。

[2] セル[2]の線画用レイヤー(line)を選択した状態で、アニメーションセルパレットにセル[1]をライトテーブルレイヤーとして登録します。

[3] 登録したライトテーブルレイヤー[1]を着地地点まで移動させて下に置き、着地の瞬間を描いていきます。
服や髪は、空気を含んで上に残るイメージです。
腕も次のジャンプへ向けて振るために少し持ち上げます。
セル[1]と[2]の移動幅は、**4**のようになります。

1 セルの作成

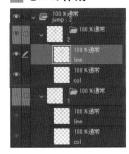

2 ライトテーブル
レイヤーとして登録

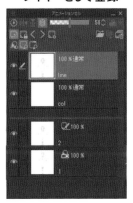

> POINT
> 登録したライトテーブルレイヤーは、見やすいように「パレットカラーを変更」(p.69)で色を変えておきましょう。

3 着地の絵を描く

4 [1]と[2]の移動幅

①→②

4. ジャンプへのタメの原画を描く

着地したショックを吸収し、次のジャンプへの
タメともなる原画をセル[3]として描きます。
1 新規セルを作成します。作成されたセル
[3]は、セル[2]の構成を引き継いでいます。
2 セル[3]の線画用レイヤー(line)を選択した
状態で、アニメーションセルパレットにセル[2]
をライトテーブルレイヤーとして登録します。

1 セルを作成

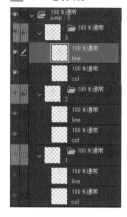

2 ライトテーブルレイヤーとして登録

3 登録したライトテーブルレイヤー[2]を参
考に描いていきます。
膝を曲げてショックを吸収し、次のジャンプへ
のタメを作ります。
上半身もやや前傾になります。

3 タメの絵を描く

②→③

横から見た図

4 手も広げます。振り子の予備動作のイメー
ジです。
服や髪は、落下時に受けた空気が抜けていく
流れをイメージして描きます。

4 動きの軌道や流れを意識して描く

空気の塊

POINT
顔や服の細かいディテールは、ほかと同じように登
録したライトテーブルレイヤー[2]を移動させて下
に置いて描くことで、絵の崩れを軽減できます。

5.ジャンプする瞬間の原画を描く

勢いよく跳び上がる瞬間の原画を描きます。

1 新規セル[4]を作成します。ほかと同じように1つ前の原画[3]とジャンプの頂点である[1]をライトテーブルレイヤーとして登録し、参考にして描いていきます。

2 全体的に伸びやかになるイメージです。最も伸びたポーズになります。横から見ると、気持ちやや反るくらいになっています。

タメの反動を利用して、腕はすぼめながらやや前へ振り出し、ジャンプに勢いをつけます。

髪や服は、慣性によって少し遅れてついてきます。

1 セルを作成

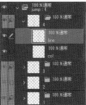

2 ジャンプの瞬間を描く

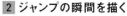

横から
見た図

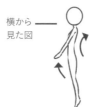

6.中割りをする（空中時）

中割りは、セル[1]と[2]の間に2枚、[3]と[4]の間に1枚入れていきます。まずは、ジャンプをして空中にいるときの中割りを描きます。

1 セル[1]と[2]の間に、新規セル[1a]と[1b]を作成します。

2 原画のセル[1]と[2]をライトテーブルレイヤーとして登録し、参考にして描いていきます。

3 動きの緩急として頂点にタメを作るため、先にセル[1b]を描いてから、[1a]を描きます。

[1b]で落ちはじめ、髪と服が風を含んでいきます。

[1a]は、頂点にかなりツメた中割りになりますが、ここでも空気の影響を受ける動きをイメージします。

1 セルの作成

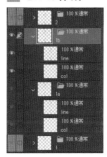

2 ライトテーブル
レイヤーとして登録

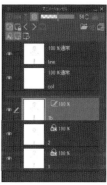

3 中割りを描く

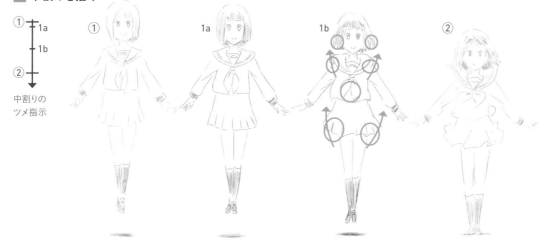

① ┬1a
  │
  ┼1b
  │
② ▼

中割りの
ツメ指示

タメからジャンプの瞬間の中割りをしていきます。

1 セル[3]と[4]の間に、新規セル[3a]を作成します。

2 原画のセル[3]と[4]をライトテーブルレイヤーとして登録し、参考にして描いていきます。

1 セルの作成

2 ライトテーブル レイヤーとして登録

3 全体の動きのツメとしては、セル[3]に寄せます。しかし、ぐっとタメてから一気に跳ぶほうが気持ちがいいので、腕に関しては、先に加速して、振り子運動の勢いをつけることで跳躍のエネルギーにつなげています。腕の中割りのポジションとしては、[4]に寄せるくらいのイメージです。

3 中割りを描く

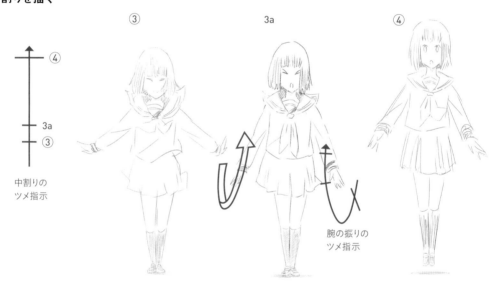

POINT

前後の原画（ライトテーブルレイヤー[3]と[4]）肩の位置で合わせます。こうすることで、腕の動きがわかりやすくなります。

POINT

このように、中割りは単純に前後の絵の真ん中を割るのではなく、動きの緩急やつながりをイメージして補完していく必要があります。

タイムライン

全7枚すべて3コマ（フレーム）打ち、計21フレームのジャンプになります。頂点から着地まで中割り2枚、タメからジャンプまでに1枚中割りを入れていきます。頂点から着地まで中割り1枚でもジャンプして見えると思いますが、今回は軽やかなイメージで少し滞空するくらいのタイミング感にしてみようと考えました。

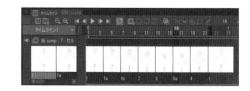

8.色を塗る

今回のジャンプは、背景もなくあっさりとした絵に仕上げていきます。

1 それぞれのセルの色塗り用レイヤー（col）で作業を進めます。

2 色はアクセント程度にし、ポイントポイントにブラシでザクッと塗っていきます。

3 すべてのセルを同じように塗っていきます。

1 色塗り用の
レイヤーを選択

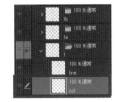

2 アクセント程度に塗る

①

POINT

ここも「redjuice氏」作の「鉛筆R」と「コンセプト1」を使っています。素材のダウンロードに関しては、p.78を参照ください。

---

3 すべてのセルを塗る

① 1a 1b ② ③ 3a ④ ①

POINT

今回のセルの枚数であれば、セルの名称はそのままでも混乱することはありませんが、やはり正規化（p.32）を使って、リネームしたほうがわかりやすくなります。

[アニメーション]メニュー→[トラック編集]→[レイヤーの順番で正規化]（もしくは、[タイムラインの順番で正規化]）を実行すると、セル[1]〜[7]の連番になります。

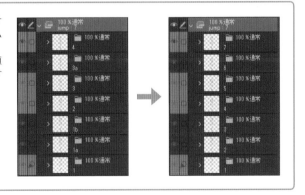

PAN（p.136）アニメーションです。走りぬける人物をカメラが追っていき、さらに飛び上がっていく人物をカメラで追いかける動きを「2Dカメラフォルダー」（p.53）機能を使って制作します。なお、カメラワークの部分を中心に解説するため、走りの作画についての解説や手順は大まかな流れだけにとどめます。

人物設定画

動きのイメージ

・カメラが人物を追いかける

1.キャンバスを作成して動きのプランを考える

フレームレート「24fps」のアニメーション用のキャンバスを作成します。「基準サイズ」は16：9の「1920×1080」、「余白」は上下に「108」、左右に「192」とっています。
1「新規ラスターレイヤー」を作成して、動きの設計図（レイアウト）を作成します。遠くから走ってきた人物がカメラの前を通過して奥へ走っていく、それをカメラが追いかけるという動きをイメージしながら描き起こしていきます。

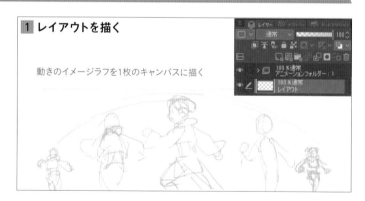

1 レイアウトを描く

動きのイメージラフを1枚のキャンバスに描く

POINT

上から見ると右図のような状況になるイメージです。アニメーションではありますが、現実でカメラ持ったときのことを想像したほうが完成イメージをつかみやすいです。実際にカメラで撮ってみるのももちろん効果的です。

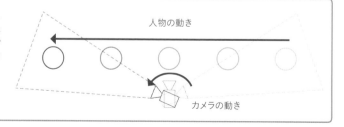

人物の動き

カメラの動き

2 レイアウトに背景のラフを描き足していきます。

2 背景のラフを描く

POINT

カメラの前を横切り、大きくPANするカメラワークの場合は、今回のような湾曲した背景になります。一見すると特殊で難解なように感じられますが、分解して考えてつなげていくことでわかりやすくなります。
このような動きの場合は、「奥から向かってくる絵」「奥へ走っていく絵」「間となる絵」という3段階に分けて考えます。そして、その3つの絵を横並びにつなげると大まかなPANの背景ができます。それぞれのつなぎ目をなじませていくイメージで描き進めていきます。

奥へ走っていく絵　　　　　　　間となる絵　　　　　　　奥から向かってくる絵

POINT

今回のようなカメラをPANしたときの背景は、スマートフォン等のカメラ機能にある「パノラマ機能」で撮影した写真と同様の仕組みになります。そのため、実際に「パノラマ機能」で撮影してみるとわかりやすいでしょう。

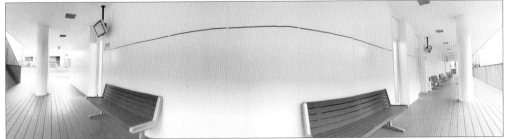

パノラマ機能で撮影した写真

2.キャンバスを広げる

カメラワークのためにキャンバスを広げます。

1 [編集]メニュー→[キャンバスサイズを変更]でキャンバスを横に広げます。

2 小さく描いていたレイアウトラフをキャンバスに合わせて拡大します。筆者はラフを進めながら[編集]メニュー→[変形]→[拡大・縮小]で必要なサイズにキャンバスを広げていくことが多いです。

1 キャンバスを横に広げる

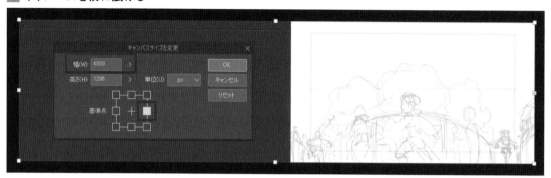

POINT

レイアウトラフの段階でなんとなくのカメラワークをイメージするためにフレームを描いて配置して、表示される範囲を確認しながら進めましょう。ラフの段階で「2Dカメラフォルダー」を作成して動きをつけて確認しながら進めるのもオススメです。

2 広げたキャンバスに合わせてラフを拡大する

3.作画を行う

背景の清書をし、人物の動きを描いていきます。人物の動きは、これまでと同じようにラフ→原画→中割り→色塗りと行います。

1 背景を清書します。

2 動きのラフを描きます。

1 背景を清書する

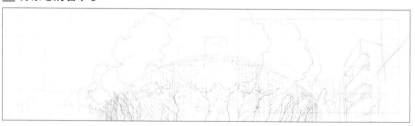

3 人物が飛び上がっていくところを描いた段階で縦方向のカメラの動きも入れたいと思ったので、[編集]メニュー→[キャンバスサイズを変更]でキャンバスを上に広げました。

2 動きのラフを描く

最初は頭の位置をラフな丸を描いて動かしていき、軌道やタイミングをとっていく

3 キャンバスを上に広げる

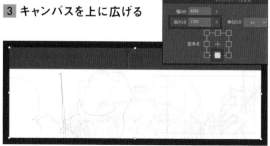

④ アニメーションフォルダー[A]を作成し、その中にアニメーションセル(以降:セル)を作成します。セルはレイヤーフォルダーを使って線画用(line)と塗り用(color)に分けています。

⑤ 原画を描いてから中割りを描きます。「オニオンスキン」を有効にしたり、「ライトテーブル機能」を使い、前後のセルを確認しながら描いていきます。

⑥ 色を塗ります。塗りつぶしツールの「他レイヤーを参照(p.72)」を使うことで、「color」レイヤーを選択した状態でも「line」レイヤーを参照しながら塗ることができます。

④ セルを作成

⑤ 原画と中割りを描く

⑥ 背景〜人物の色を塗る

POINT
色塗りは、背景→人物の順に行います。背景の色を塗って画面の色合いなどを決めてから塗ることで、人物がなじむ色を考えながら色を設計できます。

POINT
線画の色を塗りになじむように変更します。[編集]メニュー→[線の色を描画色に変更]で選択しているレイヤー全体の色を「描画色」に変更することができます。描画色とはカラーサークルパレット(p.18)のカラーアイコンにある「メインカラー(左上)」「サブカラー(右下)」「透明色(下部)」のうち現在選択している状態で青いフレーム表示されているものが「描画色」となります。

描画色

線画の色を変更

カラーアイコン

タイムライン

基本は2コマ(フレーム)打ちで作成しています。最後に飛び上がって遠くへ飛んでいく部分は、多めにコマを入れてゆっくりとした動きにしました。

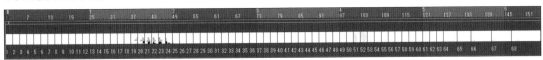

POINT
CLIP STUDIO PAINTには、作画を動画で記録できる「タイムラプス機能」があります。
新規キャンバス作成時に「タイムラプスの記録」にチェック✓を入れるか、キャンバス作成後に[ファイル]メニュー→[タイムラプス]→[タイムラプスの記録]にチェック✓を入れてオンにすることで作画を記録できます。
[ファイル]メニュー→[タイムラプス]→[タイムラプスの書き出し]で記録されたタイムラプスをMP4形式で書き出せます。
なお、ここで解説している「カメラワークのあるアニメーション」の作画のタイムラプスは、下記の名称でダウンロードファイルに含まれています。

・04_006k_timelaps.mp4
・04_006k_timelaps_60s.mp4(全作画工程を60秒にまとめた動画)

4.カメラワークを作成する

ここから「2Dカメラフォルダー」を設定し、走っている人物を追いかけるカメラワークを作成していきます。

① ［アニメーション］メニュー→［アニメーション用新規レイヤー］→［2Dカメラフォルダー］から新規2Dカメラフォルダーを作成します。

② レイヤーパレットに［カメラ1］というフォルダーが追加されます。タイムライン上でカメラのアイコンのあるトラックが「2Dカメラフォルダー」です。

キャンバス上には青い枠が追加され、この枠がアニメーションのムービーとして出力される範囲になります。この青い枠を動かすことで、2Dカメラフォルダー内に格納したセルやレイヤーに対してカメラワークをつけられます。

1 2Dカメラフォルダーを作成

2 2Dカメラフォルダーを確認

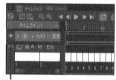

作成された2Dカメラフォルダー

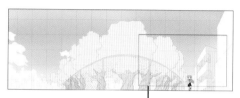

ムービーとして出力される範囲

③ 人物の動きを描いたアニメーションフォルダー［A］と背景を描いたフォルダー［BG］を、2Dカメラフォルダー［カメラ1］に格納します。

3 セルやレイヤーを2Dカメラフォルダーに格納

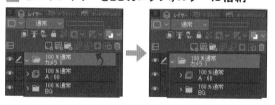

④ 「2Dカメラフォルダー」を作成しただけではカメラワークはつきません。まずタイムライン上でカメラワークの動きはじめのフレームで「キーフレームを追加（p.50）」します。キーフレームの補間方法（p.51）は「滑らか」にしました。

4 カメラワークの開始地点にキーフレームを追加

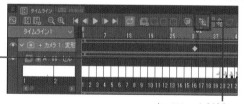

カメラワークの動きはじめのフレームを選択

キーフレームを追加

⑤ タイムライン上で、人物の動きに合わせてカメラを動かしたいフレームを選択します。

⑥ 操作ツールの「オブジェクト」を選択するとキャンバス上の青い枠を操作できるようになるので、青い枠を任意の場所に動かします。

5 フレームを選択

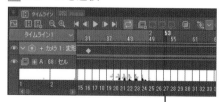

カメラを動かしたいフレームを選択

6 青い枠を動かす

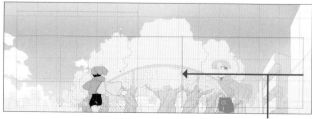

操作ツールの「オブジェクト」で青い枠を移動させる

7 枠を移動させると、タイムライン上にはキーフレームが自動で追加されます。

7 キーフレームが追加される

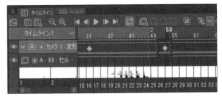

8 手順の 5 〜 7 と同じ要領で人物を追いかけるイメージでカメラの青い枠を動かしていきます。

8 人物を追いかけるイメージで青い枠を動かす

5. なめらかで緩急のついたカメラワークにする

ここまでの作業で大まかなカメラワークはつきました。そのうえで応用として「ファンクションカーブの編集」(p.52)を行うことで、よりなめらかでイメージどおりの緩急のついたカメラワークにしていきます。

1 タイムラインパレットを「ファンクションカーブ編集モード」に切り替えます。切り替えるとタイムラインがグラフの表示になります。

1 ファンクションカーブ編集モードに切り替える

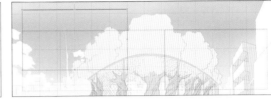

クリックしてファンクションカーブ
編集モードに切り替える

2 ファンクションカーブのキーフレームから飛び出している線の先についている小さな■部分をドラッグすることでグラフの形状を変えることができます。カーブの傾斜が緩やかなところがゆっくりとした動きで、傾斜の激しいところが速い動きになります。カーブを調整することで動きの緩急をコントロールできます。

今回は人物を追いかけるカメラの横の動き(X[横軸])をなめらかで緩急のある動きになるようにし、ラストの人物が飛び上がる縦の動き(Y[縦軸])をなめらかにしました。

2 ファンクションカーブを編集する

カメラの横の動きをなめらかで緩急のあるものに調整

ラストのカメラの縦の動きをなめらかになるように調整

6. 煙のエフェクトを追加する

人物の走りに合わせたカメラワークをつけることができました。ここでさらに、ラストで人物が飛んでいくときに手前に巻き上がる煙を描きます。
アニメーションフォルダー[B]を作成し、一気に手前に向かって膨れ上がる煙を描きます。

POINT

煙は、図形ツールの「投げなわ塗り」を使って塗りながら描きました。p.223で解説している「投げなわ選択」を使った塗りと同じ要領で描いています。

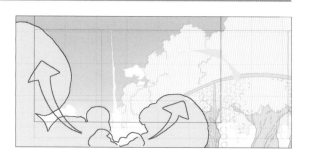

タイムライン

最初の変化が速く、ある程度膨らんでからはゆっくりになっていくイメージです。

7. キーフレームアニメーションを作成する

大きく複雑な変化をする煙の発生の部分を直接描いたので、ある程度膨らんでからさらにじわっとゆっくりと膨らんでいくような動きの部分を「キーフレームアニメーション」で作成します。
1 アニメーションフォルダー「B」を選択した状態で、タイムライン上の8セル目のフレーム開始地点で「レイヤーのキーフレームを有効化」します。

POINT

キーフレームアニメーションとは、キーフレーム機能とオブジェクトの変形機能を合わせることで、拡大・縮小や、回転、移動といったアニメーションを直接描かずに作成することです。

1 キーフレームを追加する

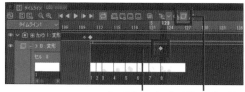

キーフレームを追加　レイヤーのキーフレームを有効化

2 キーフレームが追加された状態で操作ツールの「オブジェクト」を選択すると、変形情報をキーとして記録できるようにもなります。
まず「回転の中心 +」を枠の中心から、変形させたい煙が膨らむ動きの基点となる位置にドラッグして移動させます。

2 回転の中心を移動する

POINT

「回転の中心 +」という名称ですが、拡大縮小もこの「回転の中心 +」を基点として行われるので、この煙の膨らむ（拡大する）基点となる場所に移動しました。

3 最後のフレームを選択し、煙を少し拡大させます。ゆっくりと膨らんでいく動きを作りたいので、拡大率を「100%」から「110%」にし、さらに少し上方へ移動するような動きを追加しました。

最後のフレームを選択して変形操作

3 煙を変形する

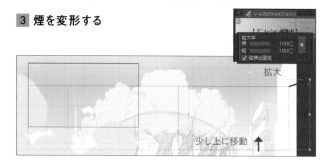

拡大

少し上に移動 ↑

8. 質感を加える

右図のような紙をスキャンしたり撮影して画像化したテクスチャ（質感）素材を画面全体に加えていきます。

POINT

ここで使っているテクスチャ素材は、下記の名称でダウンロードファイルに含まれています。
・paper_B_0001.tif

テクスチャ素材

1 テクスチャ素材を[ファイル]メニュー→[読み込み]→[画像]でキャンバス上に読み込み、全体を覆うように配置します。
2 読み込んだテクスチャの合成モード(p.166)を「乗算」にします。
3 色が濃過ぎる印象なので[レイヤー]メニュー→[新規色調補正レイヤー]→[トーンカーブ]や[色相・彩度・明度]で作成した色調補正レイヤー(p.164)をテクスチャのレイヤーに対してクリッピング(p.168)し、色味を調整して完成です。

1 テクスチャ素材を読み込んでキャンバス全体に配置

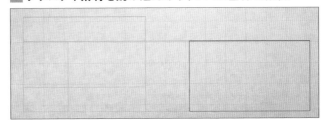

2 テクスチャの合成モードを変更する

3 色味を調整する

POINT

近年はスマートフォンなどで縦画面の映像やアニメーションを見る機会が増えてきました。そこで、作ったアニメーションを後から縦画面の表示にする場合の変更手順を紹介します。手順としては[キャンバス基本設定を変更]→[キャンバスサイズを変更]の順に行います。
まず、[編集]メニュー[キャンバス基本設定を変更]で「基準サイズ」を変更します。今回は、16：9「1920×1080」から、9：16の「608×1080」に変更します。このときに重要なのが、変更前の「キャンバスサイズ」をメモしておくことです。メモするのは「基準サイズ」ではなく、「キャンバスサイズ」であることに注意してください。
「基準サイズ」を変更するとキャンバスの横幅も縮小したので、[編集]メニュー→[キャンバスサイズを変更]でメモしていた変更前の「キャンバスサイズ」を入力して変更前のサイズに戻します。「基準サイズ」を変えて縦画面になったことで、カメラワークから被写体が外れてしまうことがあるので、そういった場合は改めてカメラワークを調整します。
これで縦画面でのカメラワークのあるアニメーションができます。

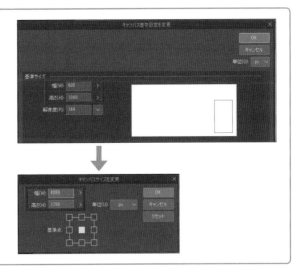

3 | 風の表現

風を表現することによって情緒や趣といった空気感が生まれ、見る人にアニメの1シーンを強く印象づけることができます。目に見えない風をどのように表現していくのか？ そんなテクニックの一例をメイキングとともに紹介します。

1 ゆるやかにそよぐ風の表現

Chapter4 ▶ 04_008k.clip

風によって髪と服のなびくアニメーションの描き方は、空気の流れを意識するのが大事だとp.124で解説しました。人物の絵に風のゆったりとした動きを加えることで、味わい深いものになります。ここでは、実際にCLIP STUDIO PAINTを使って、p.125の動きを制作していきます。

動きのイメージ

・ロングヘアーとゆったりとした服が、
　風に軽やかになびくイメージ
・空気の流れ
・ループになるような動き
・簡易な方法で、高原を吹き抜ける風を表現
・ふわっと

1. 原画と中割りを描く

フレームレート「24fps」のアニメーション用のキャンバスを作成します。

p.125で解説した4枚を原画として描き、さらに、原画と原画の間に1枚ずつ中割りを入れていきます。

1 アニメーションフォルダー（名称は[なびきB]とします）に、原画と中割り用のアニメーションセル（以降：セル）を作成します。セルの構成は、レイヤーフォルダーを使い、線画(line)と色塗り(col)でレイヤーを分けています。はじめに、原画となるセル[1][2][3][4]を描き、原画と原画の間に[1a][2a][3a][5]を作成して中割りを描きます。

また、今回はループになるような動きにしていくので、空気が循環して動く部分と動かない部分のパーツごとに組み立てています。動かない身体や頭は、アニメーションフォルダーの外側にレイヤーフォルダー[body]を作成し、その中に通常レイヤーを作成して描いていきます。

2 空気の塊の移動をイメージしながら、原画、中割りの順番で描きます。

1 動く部分と動かない部分を分ける

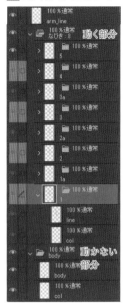

動かない部分

動く部分

動く部分

動かない部分

2 原画と中割り

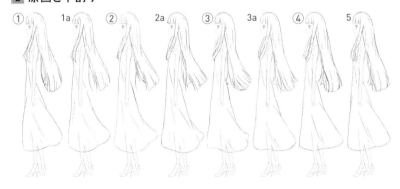

① 1a ② 2a ③ 3a ④ 5

POINT

服の上にくる腕の線画を最上部に持ってきています。これは、服や髪の色を塗る際に腕の線画が下にあると、塗りでつぶれてしまうからです。

タイムライン

原画の間に中割りが1枚ずつ入る計8枚を3コマ（フレーム）のタイミングで作成しています。24フレーム目が終わると1フレームに戻るため、ループアニメーションにもなっています。よりゆったりとなめらかな動きにしたい場合、中割り3枚の2コマか3コマのタイミングで作成するとよいでしょう。

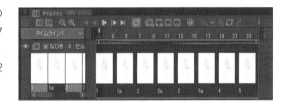

POINT

大まかなベースができてきたら、奥の髪の毛や大きな流れとは違うタイミングで動くアクセントのような部分も加えていくと、自然な動きになっていきます。全体の動きの流れはイメージしつつも、パーツごとで捉えて描き加えていくほうが動きの破たんがなく進められます。

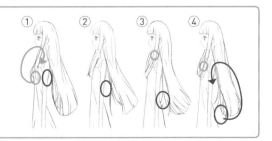

2.色を塗る（動かない部分）

動かない部分（レイヤーフォルダー［body］）から塗って
いきます。

1 レイヤーフォルダー［body］の色塗り用レイヤー
（col）を選択します。

2 髪と服以外の部分を塗っていきます。ただ、重
なる部分にも塗り足ししておきます。耳を出した
かったので、次の工程で線画がつぶれないように、
耳の周りの髪は、塗っておく必要がありました。

1 **色塗り用の**
レイヤーを選択

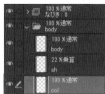

2 **髪と服以外を塗る**

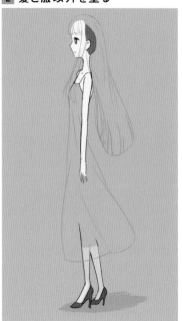

POINT

地面に落ちる影は、
レイヤーフォルダー
［body］の中にレイ
ヤー［sh］を作成して
塗っておきます。

3.色を塗る（動く部分）

動く部分（アニメーションフォルダー［なびきB］の各セル）を塗っていきます。

1 アニメーションフォルダー［なびきB］各セルの色塗り用レイヤー（col）を選択します。

2 髪や服を塗りつぶしツールの「他レイヤーを参照（p.72）」で塗っていきます。

3 塗りきれなかった部分は、塗りつぶしツールの「塗り残し部分に塗る（p.73）」やブラシで塗りつぶしていきます。

1 **色塗り用のレイヤー**
を選択

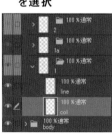

2 **髪や服を塗る**

3 **塗り残し部分を塗る**

POINT

背景にグレーなどの濃い色を引いておくと、塗り残しがわかりやすくなります。

4.高原の風を描く

高原を風がなでる様子を描いていきます。

1 背景も動く部分と動かない部分で分けて描いて
いきます。まず、動く部分のアニメーションフォルダー
[BG]を作成します。その中には、セルを6枚作成しま
す。動かない部分は、レイヤーフォルダー[BG]を作成
し、山(mt)、草地(grass)レイヤーを作成します。

2 動かない部分を描きます。草地と遠景の山を簡単
に描きました。

3 動く部分は、ブラシのタッチを前方から吹く風の方
向に送っていくことで表現できます。難しいことは必要
なく、単に線を引き、それを6枚のセルで徐々に後ろに
ずらしていくイメージです。

3 ブラシのタッチで風を表現

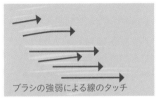

ブラシの強弱による線のタッチ

1 背景用のアニメーション
フォルダーとレイヤー
フォルダーを作成

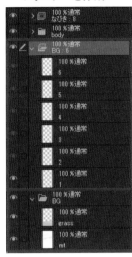

2 動かない部分を描く

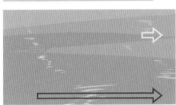

タイムライン

背景の線のタッチは、4コマ(フレーム)
打ちで動かしています。

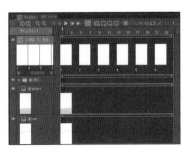

POINT

近景と遠景でブラシタッチのサイズの大小や移動する幅を変えることで、奥行きを
表現します。
また、手前は画面の端から端へループするように描いています。
奥のほうはあまり大きく動かせないので、タッチが現れて少しして消えるという表現に
しています。

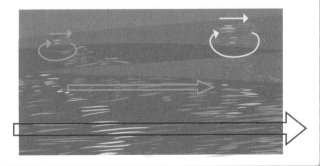

人物に回り込む光の表現（フレア）を加えていきます（p.139）。これにより、人物と背景とがなじみ、自然に見えてきます。

①　アニメーションフォルダー［フレア］を作成し、その中に新規セルを作成します。

②　遠景の山を非表示にした状態で、自動選択ツールの「他レイヤーを参照選択」で背景部分を選択します。

① セルを作成

② 遠景を非表示にして 背景の選択範囲を作成

③　選択した部分を白で塗りつぶします。

④　［フィルター］メニュー→［ぼかし］→［ガウスぼかし］をぼかす範囲「50」でかけます。

③ 選択範囲を白で塗りつぶす

④ ガウスぼかしをかける

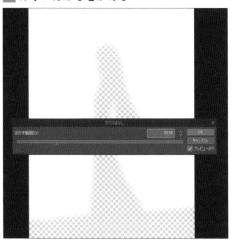

5 続いて4でぼかしたレイヤーを非表示にし、自動選択ツールの「他レイヤーを参照選択」で背景部分を選択します。

6 もう1度4でぼかしたレイヤーを表示させ、作成した選択範囲の部分を削除します。

5 背景部分の 選択範囲を作成

6 選択範囲の部分を削除

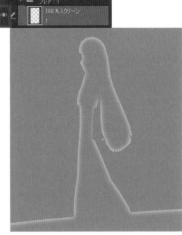

※うっすらとグレーを引いて、アニメーションフォルダー［フレア］のセルのみを表示しています。

7 1〜6の工程をなびきの枚数分作成し、合成モード(p.166)を「スクリーン」に設定します。これで人物と背景がなじみ、空気感も加わりました。

POINT
「Adobe After Effects」などの撮影ソフトを使用すると、こういった素材を動画としてソフト上で作成したり加工することができます。

7 なびきの枚数分作成し、合成モードを「スクリーン」にする

タイムライン

アニメーションフォルダー［フレア］のタイムラインは、［なびきB］のタイムラインと同じになります。

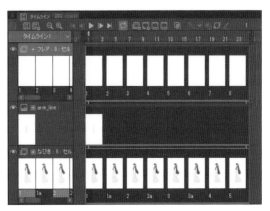

POINT
セル名がわかりにくい場合は、正規化(p.32)してリネームしておきましょう。

Chapter
4

風
の
表
現

打って変わって、激しい風によってなびく髪と服のアニメーションを描いていきます。空気の塊があることをイメージしながら、その流れ、動きを描く基本はそのままに、動きを大げさにし、さらに動きのランダムさを加えていくのがポイントです。

動きのイメージ

- ・強風であおられ大きく速くなびく服と髪
- ・空気の流れ
- ・動きを大げさに
- ・動きのランダムさで乱気流感を描く
- ・バサバサ

1.キャンバスを作成してラフを描く

フレームレート「24fps」のアニメーション用のキャンバスを作成します。

1 アニメーションフォルダー[A]、アニメーションフォルダー[B]を作成します。[A]には背景を、[B]には人物を描きます。

2 アニメーションフォルダーの外側にレイヤーを作成し、ベースとなる1枚目のラフを描きます。

1 アニメーションフォルダーとラフ用のレイヤーを作成

2 ラフを描く

2.アニメーションセルを作成する

1 アニメーションフォルダー[B]に人物を描くためのアニメーションセル（以降：セル）を作成します。セルの構成は、レイヤーフォルダーを使い、動かない顔部分（1）となびく部分（nabiki）、色塗り（col）とでレイヤーを分けています。

なお、顔部分は描いたものを別のセルでもコピー＆ペーストで複製して使っています。

POINT

動かない顔部分をレイヤー1枚ではなくそれぞれのセルに入れている理由としては、顔の手前と奥といった重なりが複雑で仕上げの際に不都合が出るため、個別で線を合わせて塗るという方法をとっています。

1 動く部分と動かない部分を分けて描く

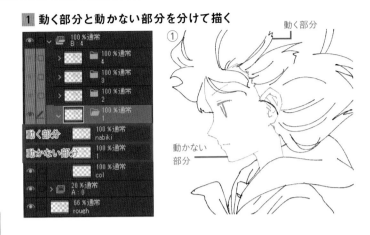

動く部分

動かない部分

3.原画を描く

1 セル[1]の原画です。全体の動きを見つつ、パーツ的に捉えるのがポイントです。パーツは、図のように分けて、それぞれの動きをイメージします。

2 セル[2]の原画です。なびきの幅は大きく大胆に行く部分と、ややタメのある部分とを作成します。

3 セル[3]の原画です。袖やえりなどの形状として身体に密着するような部位は、膨らむ、戻るといったバタバタとした動きを、服のつながりや形状を意識しつつ、ランダムさも考えつつ入れます。

4 セル[4]の原画です。髪なども含めてランダムさを入れることにより、風の乱気流的な強さを表現します。

1 セル[1]の原画

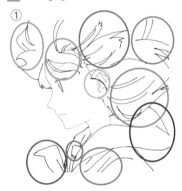

2 セル[2]の原画

3 セル[3]の原画

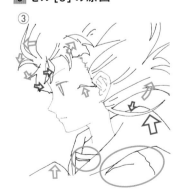

4 セル[4]の原画

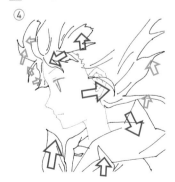

4 . 中割りを描く

中割りは、原画と原画の間に1枚ずつ入れていきます。
1 原画と原画の間に、新規セルを作成します。
2 セル[1][2]の間の中割りのセル[1a]です。基本的には、もちろんそれぞれの原画の間に
なるよう描いていくのですが、丸で囲んだところのように逆に膨らますなど、ここでもランダ
ムな要素を入れています。
3 セル[2][3]の間の中割りのセル[2a]です。空気の波の流れに沿って中割りをしていきます。
4 セル[3][4]の間の中割りのセル[3a]、[4]と[1]の間の中割りセル[5]です。要素が多く、重
ねると複雑に見えますが、部分ごとに動きを追いながら中割りをしていきます。

1 セルの作成

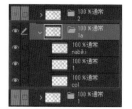

2 中割りセル[1a]

① → 1a → ②

3 中割りセル[2a]

② → 2a → ③

4 中割りセル[3a][5]

③ → 3a → ④

④ → 5 → ①

5 . 色を塗る

各セルの色塗り用のレイ
ヤー(col)に、塗りつぶし
ツールの「他レイヤーを
参照(p.72)」を使って色
を塗ります。塗り残し部
分は、塗りつぶしツール
の「塗り残し部分に塗る
(p.73)」やブラシを使っ
て塗っていきます。

色を塗る

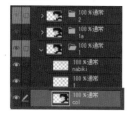

6. 背景のアニメーションエフェクトを描く

アニメーションフォルダー[A]に背景の
アニメーションエフェクトを描いていき
ます。風で巻き上がって吹き抜けていく
土煙のようなイメージです。

1 セルを13枚作成し、ここに風のエフェ
クトを描いていきます。また、アニメー
ションフォルダーの外側には、グレーで
塗りつぶしたレイヤーを用意します。

2 前から後ろに向かう、空気の波のよ
うなイメージを描いていきます。ここでも
一定のスピードではなく、一
気に抜けていくようなものを
入れたり、動きの差をつける
ことで強烈な自然現象の印
象にしています。

1 セル13枚とグレーで塗りつぶしたレイヤーを作成

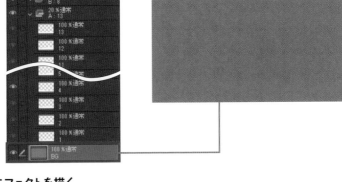

2 風のエフェクトを描く

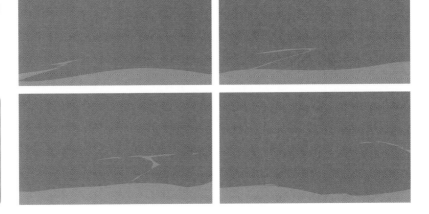
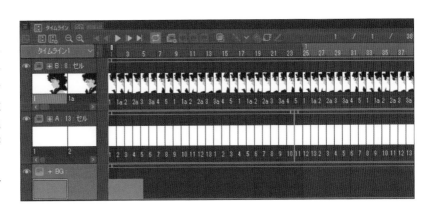

POINT

こういった波のようなエフェ
クトの動きは、前から後ろに
送っているつもりが戻って見
えてしまうといったことが起
きがちです。プレビュー再生
をしながら調整することが大
切になります。

タイムライン

背景（アニメーションフォルダー
[A]）、人物（アニメーション
フォルダー[B]）ともに1コマ
（フレーム）打ちです。速く激
しいこういった動きを表現
するうえでは1コマ打ちが
有効です。人物は、全8枚、
背景は全13枚をそれぞれ
ループさせています。

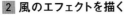

ファンタジーでのワンシーンのような、ふわふわと浮遊するイメージのアニメーションです。下からの気流を受けてなびく、服や髪をを描いていきます。
さらに、気流のエフェクトを作成し、アニメーションをより印象的に見せていく方法を解説します。

動きのイメージ

・ふわふわと上昇気流で浮き上がる
・魔法のような光の表現

1.キャンバスを作成してラフを描く

フレームレート「24fps」のアニメーション用のキャンバスを作成します。ポーズのイメージと下からの気流のイメージなどを考えながらラフを描きます。

ラフを描く

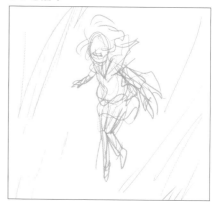

2.パーツを分ける

これまでと同じように、動かない部分と動く部分の
パーツごとに組み立てて描いていきます。

風になびいて動く部分をアニメーションフォルダー
[girl]内に、動かない部分を通常のレイヤーフォル
ダー[body]内に描いていきます。アニメーションフォ
ルダー[girl]内に作成するアニメーションセル(以降:
セル)の構成は、レイヤーフォルダーを使い、線画(line)
と色塗り(col)とでレイヤーを分けています。また、レイ
ヤーフォルダー[body]も、同じように線画(line)と色
塗り(col)とでレイヤーを分けています。

動く部分と動かない部分を分ける

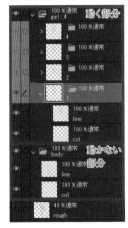

3.原画を描く

風になびいて動く部分の原画を描きます。

なびきの原画は、セル[1][2][3][4]の4枚作成します。p.212の動きと同
じように全体のバランスも見つつ、図の〇で囲った部分のように小さな
単位で捉え、個別に動かしていくのがわかりやすいでしょう。

P O I N T

すべてを一方向に動かすのではなく、流れを
少しばらけさせることで、より自然な印象にな
ります。

なびく部分の原画

① ② ③ ④

空気の塊

タイムライン

原画は4コマ(フレーム)打ちで描いていますが、この後、原画と原画の間に中割
りを1枚ずつ入れるので、2コマ打ちの計8枚になります。激しい気流によるなびき
きを表現する場合は、原画の4枚のループを2コマ打ちにしてもよいでしょう。

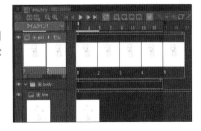

4. 中割りを描く

中割りは、原画と原画の間に1枚ずつ入れていきます。

1 原画と原画の間に、新規セルを作成します。

2 原画4枚の間に1枚ずつ中割りを描き、計8枚の絵になります。中割りも、気流を表現する
コツは原画と同様です。

1 セルの作成

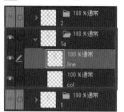

---

2 原画4枚、中割り4枚の計8枚のセル

① 1a ② 2a

③ 3a ④ 5

タイムライン

中割りを描くことで、2コマ打ちの計8枚になります。

POINT ─────
この後の工程で、気流のエフェクトなどを加え、全体の
セルの構造が少し複雑になるので、この時点でセル名
を正規化（p.32）してリネームしておきましょう。

5.色を塗る

1 レイヤーフォルダー[body]の色塗り用レイヤー(col)に肌や顔の色を塗っていきます。構造的にはなびく部分より下になるので、なびく部分が動いたときに絵の端が見切れないように少し塗り足しておきます。

2 アニメーションフォルダー[girl]の各セルの色塗り用レイヤー(col)に髪や服の色を塗っていきます。

1 動かない部分の色を塗る

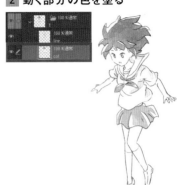

2 動く部分の色を塗る

6.気流のエフェクト(画面奥)を描く

アニメーションを印象的にするために、気流のアニメーションエフェクトを描いていきます。まずは、画面奥から作業していきます。

1 レイヤーフォルダー[body]の下にアニメーションフォルダー[effect_A]を作成します。さらに、その中に4枚のセルを作成します。

2 左下から右上へ流れていく気流のエフェクトを描きます。フォルムはあまり固定しすぎずに少し千切れながら巻き上がっていくようなイメージで描いています。

1 アニメーションフォルダーとセルを作成

POINT

気流のエフェクトは白にしていますが、描く際は黒などのわかりやすい色を使いましょう。最終的にレイヤーの「透明ピクセルをロック」して塗りなおしたり、レイヤープロパティの「レイヤーカラー」を使って色を変えるとよいでしょう。なお、レイヤープロパティの「レイヤーカラー」は、アニメーションセルパレットの「レイヤーカラーを変更」とは異なるので注意してください。

2 4枚で気流のエフェクトを描く

※緑色の部分はライトテーブル機能で表示した前のセル

タイムライン

画面奥のエフェクトは、計4枚、2コマ打ちのループになっています。

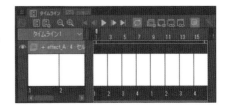

7.気流のエフェクト（画面手前）を描く

画面手前を流れていく気流のエフェクトを描きます。

1 レイヤー構成の一番上に、アニメーションフォルダー[effect_B]を作成します。さらに、その中に8枚のセルを作成します。

2 エフェクトを描くうえでの考え方は、前ページの気流エフェクト（画面奥）と変わりませんが、画面手前で近いぶん、より大きなフォルムで流れていくイメージです。

3 枚数も8枚に増やし、気流のバリエーションを増やしています。

1 アニメーション フォルダーと セルを作成

2 画面奥よりも 大きなフォルムをイメージ

③→④→⑤

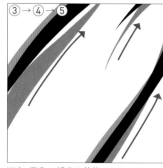

※赤、青色の部分は前後のセル

3 8枚で気流のエフェクトを描く

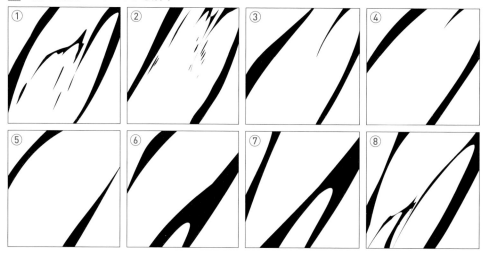

タイムライン

画面手前のエフェクトは、計8枚、1コマ打ちの8枚でループさせています。画面奥よりも動きが速くなります。

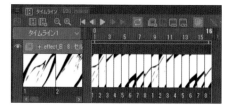

8.光の瞬きを描く

光の瞬きを表現していきます。

1 アニメーションフォルダー[effect_A]の下にアニメーションフォルダー[light]を作成します。さらに、その中に4枚のセルを作成します。

1 セルを作成

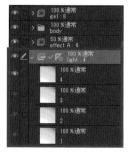

POINT

定規ツールの「特殊定規（同心円）」を使って描いています。
また、図形ツール「直接描画」グループの「楕円」を使って描くこともできます。その場合、ツールプロパティパレットで「線・塗り」の項目を「塗りを作成■」に設定すれば、内側が塗りつぶされた円を作成できます。

2 左下が光源で、右上に行くほど暗くなるような円のグラデーションを描きます。
図ではわかりづらいかもしれませんが、4枚の円のグラデーションは、それぞれ少し
ずつ動いています。大きく動かしすぎないよう注意しつつ、少し大きくなったり小さ
くなったりを繰り返し動かすことで、光が瞬いているような印象が生まれます。

POINT

色の調整は次の仕上げの工程で行
うので、白黒で描いています。

2 円グラデーションで光の瞬きを表現

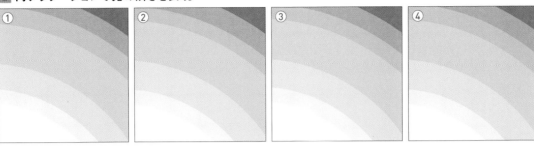

POINT

光の瞬きは、ほとんど動かない部分があったり、やや大きく動く部分があったりとすることで、光
の不安定さを表現できます。あるいは動きの幅によって光の強さを表現することもできます。
ブレを大きくすると、光の強さや不安定さをより表現することができます。

① → ②

タイムライン

光の瞬きは、計4枚、1コマ打ちでループさせています。

9.仕上げる

白黒で描いた光の瞬きの色を調整し
ていきます。
アニメーションフォルダー[light]の
上に黄色で塗りつぶしたレイヤーを
作成し、合成モード(p.166)を「オー
バーレイ」にすることで色をつけてい
きます。不透明度は「80%」にして調
整しています。
さらに、レイヤー構成の一番上に、同
じように黄色で塗りつぶした「オー
バーレイ」のレイヤーを作成すること
で、人物にも光の色の印象を加えて
います。不透明度は「25%」と低くして
調整しています。

光の色を調整

4 | エフェクト作画

人物の動きだけでなく、炎や水、光のようなエフェクトの動きを表現できるのもアニメーションの醍醐味です。前節でも動きを印象づけるためにエフェクトを加えましたが、ここではエフェクトのみに絞って解説していきます。

1 炎

Chapter4 ▶ 04_011k.clip

火、炎とは物質（気体含む）が燃焼することで発生する熱と光を伴う現象です。
燃焼し発生した熱によって上昇気流が発生するので、基本的に火炎は上へ向かって流れます。
また、周辺で起こる風や気流にも影響され、火力が増したり大きくうねったりすることもあります。
ここではメラメラと燃える炎のエフェクトの作例を紹介します。

動きのイメージ

- ・上へ向かって流れる
- ・「伸びる」「千切れる」「縮む」の3段階を繰り返す
- ・上への流れはあるが、あくまで不定形の流動的な動き
- ・メラメラ

火、炎を記号的に大きく分けた場合、「伸びる」「千切れる」「縮む」の3段階を繰り返します。酸素などを得て強く燃焼し、大きく「伸びた」炎は、「千切れ」て拡散し、「縮み」ますが、すぐにまたあらたな炎の気流によって「伸びる」、という三段階の動きになります。

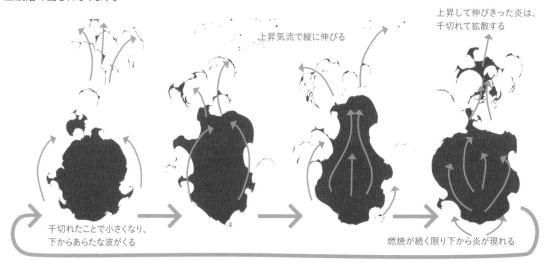

上昇気流で縦に伸びる

上昇して伸びきった炎は、
千切れて拡散する

千切れたことで小さくなり、
下からあらたな波がくる

燃焼が続く限り下から炎が現れる

1.1 セル目の炎を描く

フレームレート「24fps」のアニメーション用のキャンバスを作成し、炎が大きくなる前段階から描きます。この1枚目の炎は、先に完成させ、このあとの動きのベースとします。

1 ラフを描くための[rough]レイヤーと、アニメーションフォルダー[fire]を作成します。[fire]の中に作成するアニメーションセル（以降：セル）の構成は、レイヤーフォルダーを使い、炎の赤い部分（R）、炎の中心の黄色い部分（Y）とで分けています。

2 炎の赤い部分を描きます。ラフで大まかな形を取り、[fire]のセル[1]のレイヤー（R）に清書していきます。まず、選択範囲ツールの「投げなわ選択」で形を取り、炎の形の選択範囲を作成します。

3 塗りつぶしツールか、[編集]メニュー→[塗りつぶし]で、選択範囲を塗りつぶします。

1 セルを作成

POINT
「投げなわ選択」での作画は、筆者オススメの方法です。エッジの表現がきれいに出ますし、細かい塗り残しが起こりにくいので、とくに単一色のエフェクト作画ではこの方法を使っています。

POINT
Shiftキー押しながら選択範囲を作成すると、すでにある選択範囲に選択範囲を追加できます。

POINT
アンチエイリアス（p.71）は、基本的に「無し」にしています。このほうが再調整しやすい（とくに塗り直しがしやすい）というメリットがあります。しかし、作風によってはオンにするのもよいでしょう。

2 「投げなわ選択」で炎の形を取る

3 選択範囲を塗る

4 中心の黄色い部分も同様です。[fire]のセル[1]のレイヤー（Y）に「投げなわ選択」を使った方法で描いていきます。

POINT
中心の黄色い部分は、炎の中に小さな炎があるというイメージです。

4 中心の黄色い部分も同様の手順で塗る

2.2 セル目以降の赤い部分を描く

筆者の場合は、順に送って描いたほうが常に炎の流れを意識できてわかりやすいので、「オニオンスキン(p.49)」を使って、前のセルを表示しながら描き進めていきます。アニメーションセル[1]に続いて[2][3]……と、まずは全体のシルエットとなる赤い部分を描きます。

1 アニメーションフォルダー[fire]の中にアニメーションセルを追加で作成します。新規アニメーションセルの作成をすると、[1]の構造を引き継いで作成されます。今回は7枚のセルで炎を描いていくことにしました。

2 「オニオンスキン」を有効にし、セル[2]以降の炎の赤い部分を描いていきます。ここでも「投げなわ選択」による方法で描きます。上へ向かう流れ、「伸びる」「千切れる」「縮む」の3段階を繰り返すという炎の動きの性質を意識します。

1 セルを作成

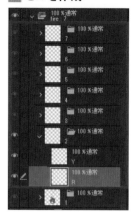

POINT
> 場合によっては、一番縮んだ絵と一番伸びた絵を先に原画として描き、その間を中割りしていくという方法も考えられます。

2 炎のシルエットを順番に描く

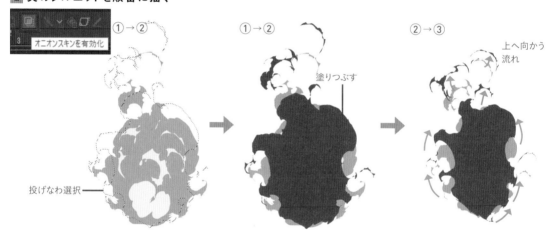

オニオンスキンを有効にする

①→②　①→②　②→③

上へ向かう流れ

塗りつぶす

投げなわ選択

3. 火の粉を追加する

前のセルから順番に送り描きしていると、最終的に千切れた火の粉が足りていない部分がでてきます。

1 火の粉を描き足していきます。炎が上昇し、千切れて拡散するイメージです。とくに、セル[7]から[1][2][3]とループできるようにしていきます。

1 火の粉を描き足す

⑥→⑦

⑦→①

セル[1]で[7]を透かしてみると、火の粉が足りていない

⑦→①

千切れた火の粉を描き足す

セル[7]の火の粉まで描いた状態

4.中心の黄色い部分を描く

赤い部分を描き終えたら、黄色の部分を描き進めます。

1 各セルのレイヤー(Y)に描いていきます。

2 先ほども少し触れたとおり、黄色い部分も炎の基本的な動きと同じイメージです。しかし、あくまで炎の中心部の表現なので、外側に伸びて千切れたものは拡散せず、すぐ消してしまってよいでしょう。

1 各セルの黄色い部分を描くためのレイヤー(Y)に描く

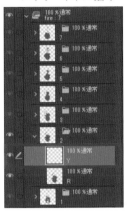

2 赤い部分と同様の動きで描く

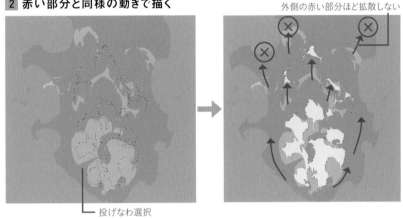

外側の赤い部分ほど拡散しない

投げなわ選択

POINT

セルの構成にレイヤーフォルダーを使い、レイヤーを分けていれば、炎の赤い部分を非表示にすることで黄色い部分のみ表示したり、赤い部分の不透明度を下げて、見やすい状態にして作業できます。

3 完成した炎のエフェクトです。横に並べると、上へと向かう流れや「伸びる」「千切れる」「縮む」の3段階がイメージできるのではないでしょうか。

3 完成

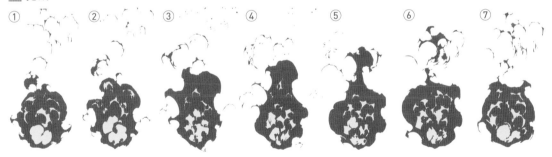

① ② ③ ④ ⑤ ⑥ ⑦

タイムライン

7枚、2コマ(フレーム)打ちループの炎になりました。もっとセルの枚数を増やして長くすれば、ループ感は減っていきますし、慣れてきたらランダム要素をうまく混ぜることで、よりリアルな炎の表現にするのもよいでしょう。

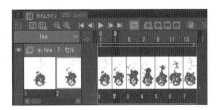

立ちのぼるエネルギーの表現です。強いエネルギーほど速く荒々し
いイメージにしたり、あるいは逆にものすごくゆっくり大きな流れに
することでも異なる力強さを表現できます。人物やシチュエーション
によって、さまざまなパターンが考えられるエフェクトです。

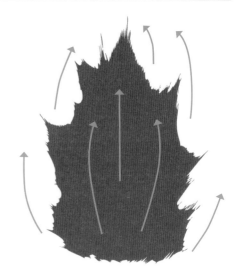

動きのイメージ

- 湧き出るエネルギーが下から上へと立ち上がる
- 鋭いフォームで力強さを出す
- ランダムさを出すことであふれ出るエネルギーを表現
- ギュンギュン

1.ラフを描いて清書をする

フレームレート「24fps」のアニメーション用のキャンバスを作成します。炎と同じように「投
げなわ選択」を使った方法で描いていきます。

1 ラフを描くための[rough]レイヤーと、アニメーションフォルダー[aura]を作成します。
今回のオーラエフェクトは単色で塗りつぶすだけなので、[aura]の中に作成するアニメー
ションセル(以降:セル)は、単一セルにしました。

2 ラフで大まかな形を取り、[aura]のセル[1]に清書していきます。選択範囲ツールの
「投げなわ選択」で形を取ります。

3 塗りつぶしツールか、[編集]メニュー→[塗りつぶし]で、選択範囲を塗りつぶします。

1 アニメーションセル
　　[1]を作成

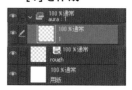

2 「投げなわ選択」で形を取る　　　　　　　　　　**3** 選択範囲を塗る

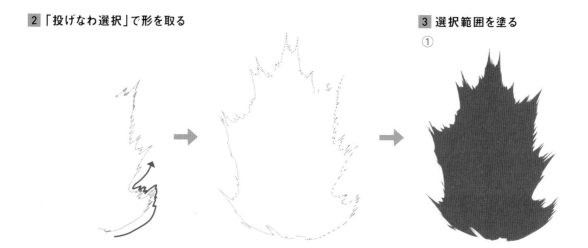

①

炎と同じようにセルを順に送って描いていきます。セル[1]に続いて[2][3]を描きます。

1 アニメーションフォルダー[aura]の中にセル[2]を追加で作成します。「オニオンスキン(p.49)」を有効にし、セル[1]を参考に描いていきます。

2 セル[3]を追加します。セル[2]と同様のイメージで描いていきます。

1 セル[2]を描く

①→②

2 セル[3]を描く

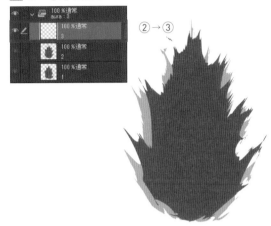

②→③

POINT

Shift でオーラ全体のフォルムを意識しつつも、ブロックごとに形をとっていくとわかりやすく、間違いも少なく済みます。

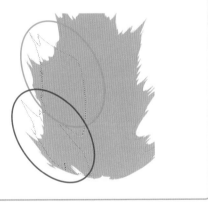

POINT

前のセルのフォルムから、オーラを上へ送っていくイメージで描いていきます。

Column

擬音のイメージを意識して描く

アニメーションの動きを考える際に、「擬音のイメージを意識して描く」ことは重要な作画のヒントになります。
明確な形のないエフェクト作画においては、とくに効果的なテクニックです。
炎であれば「メラメラ」、電撃であれば「ビリビリ」、光であれば「キラーン」といった感じです。こういった、擬音のリズム感を意識しながら描きましょう。

3.ループになるように描く

1 セル[4]を描いていきます。まずは、4枚ループで作成するので、[3]と[1]の間を見ながら中割りしていきます。

2 アニメーションフォルダー[aura]の中にセル[4]を追加で作成します。「オニオンスキン」を有効にし、セル[3]と[1]を参考に描いていきます。

1 セル[4]を作成

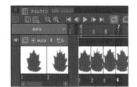

オニオンスキンの色はわかりやすいものに変えています

2 前後のセルを参考に[4]を描く

③→④

POINT
タイムラインでセル[4]の後ろに[1]を指定すると、オニオンスキンで[3]と[1]を参考に、その間を描けます。

[1]をセル指定

タイムライン

4枚、2コマ(フレーム)打ちのオーラのループが完成しました。

4.アニメーションセルの枚数を増やしてループ感をなくす

4枚ループだと尺によっては、ループ感がわかりやすかったりもするので、同様の手順でオーラを送り続けて枚数を増やしていくとよいでしょう。そのうえで最終的にセル[1]につなぐようにします。

下図は、11枚ループのオーラの参考です。これもフォルムに少しランダム感を入れたりすると、力があふれ出る感じや平面的な塗りではあっても立体感が出てきたりします。

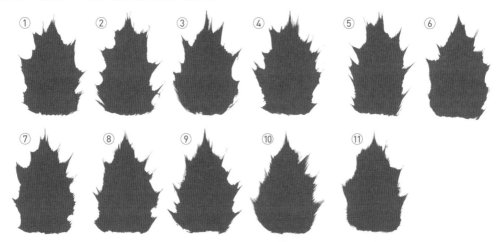

① ② ③ ④ ⑤ ⑥

⑦ ⑧ ⑨ ⑩ ⑪

タイムライン

11枚の2コマ打ちで、最終的にセル[1]に戻るようなループアニメーションになっています。

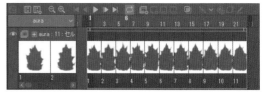

3 爆発（高圧力の開放）

爆発とは、爆薬の燃焼、高圧力の解放、物体の衝突や果ては核の反応など、強力なエネルギーが何らかの原因によって発生し急激に膨張するような現象です。爆発発生から一気に膨張するエネルギーの表現こそがミソであり、その強大なエネルギー描写は、映像において一種のカタルシスとなりえます。
まずは、「箱の中でエネルギーが膨張し圧力が高まり、一気に爆発する」というエフェクトを紹介します。

動きのイメージ

・箱の中でエネルギーが膨張し圧力が高まる
・一気に爆発する
・きちんと「タメ」を作成し、勢いのある「解放」の動きで緩急を描く
・ググク……バーン！

1.タメの動き

フレームレート「24fps」のアニメーション用のキャンバスを作成します。
まずは、箱の中でエネルギーが膨張し、圧力が高まっていく様子を描いていきます。
1 アニメーションフォルダー[explosion]を作成します。[explosion]の中には、アニメーションセル(以降：セル)を4枚作成します。
2 箱の中でエネルギーが膨張し圧力が高まっていく様子を描いていきます。セル[1][2][3][4]の計4枚で徐々に徐々に箱を膨らませていきます。ここで「タメ」を作成することで爆発の解放感が高まります。

POINT

アニメーションフォルダーの外側には背景として、レイヤー[BG]を作成しました。これを水色で塗りつぶすことで見やすくなります。

POINT

タメの絵は、線1本分くらいで動かし、ググッとゆっくり膨張していきます。この間にさらに何枚か入れると「タメにタメてもう耐えきれない！ 爆発！」という感じが強調されます。

1 セルを作成

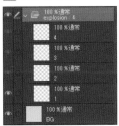

2 「タメ」を描く

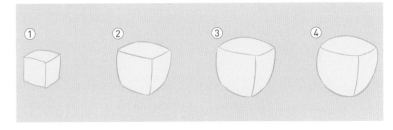

タイムライン

セル[1]と[2]は2コマ(フレーム)、[3]と[4]は3コマ打ちで、じっくりとタメています。

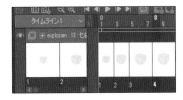

2. 解放の動き

タメたエネルギーを一気に解放して爆発させていきます。

1 セル[5]から先、[13]までを追加で作成します。

2 極限に達したエネルギーが解放され一気に膨張します。球体上に膨張するので、球面を意識しながら爆炎を送ります。

3 爆炎が画面を覆いつくすほどに迫ってきました。矢印は爆炎の流れていく様子になります。

4 最後のほうは、カメラ（見る側）との距離の近くなっていくため、より加速して見えます。

1 セルを作成

POINT

先ほども触れたように、爆発の重要な要素の1つは「タメ」と「解放」による緩急です。解放時は加速感をイメージしながら描いていきましょう。

POINT

炎やオーラのエフェクトと同じように「投げなわ選択」を使って描いています。

2 エネルギーを一気に解放して爆発

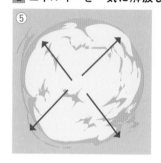

3 爆炎が手前に迫る

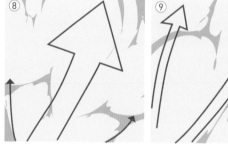

4 手前との距離が近くなるほど加速

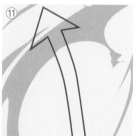

タイムライン

解放の瞬間であるアニメーションセル[5]や最後のカメラに接近してくる爆炎[8]〜[13]を1コマ（フレーム）打ちにすることで、「タメ」と「解放」の緩急を、より感じられるようにしています。

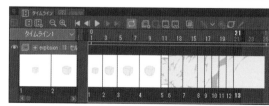

4　爆発（強大な衝撃で巻き起こる土煙）

巨大なものが落下したり、地中で大きな力の
解放があったときの爆発です。

動きのイメージ

・衝撃によって大きな土煙が上がる様子
・ドッカーン！　ゴゴゴゴ

1.1 セル目を描く

フレームレート「24fps」のアニ
メーション用のキャンバスを作成
します。

1 アニメーションフォルダー
[explosion]、その中にアニメー
ションセル（以降：セル）[1]を作
成します。アニメーションフォル
ダーの上には、新規レイヤーを作
成し、地面を描いています。

2 セル[1]に衝撃の瞬間の絵を
描きます。小さく山なりに、鋭いシ
ルエットにすることで、衝撃の大
きさを物語ります。

1 セル[1]を作成

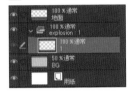

POINT
背景としてレイヤー[BG]
を作成し、グレーに塗りつ
ぶすことで見やすくしてい
ます。

2 衝撃の瞬間を描く

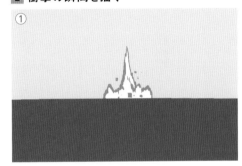

Column

画面動（がめんどう）

大きな衝撃などをカメラで撮った際には、普通、撮影
者（カメラ）もその衝撃を受けて揺れます。

これを、アニメーションでも画面全体をずらす、揺ら
すなどといったカメラワークを加えることで表現しま
す。これを「画面動」や「画面ブレ」といいます。

この画面動を仕上げのコンポジット作業で加えるこ
とになるのですが、最終的な画面とぴったりのサイズ
で作画をしていると、画面全体を揺らすと、右図のよ
うに画面の端が見切れてしまいます。こういったこと
を避けるために、「作画フレーム」や「余白」(p.34)を少
し大きめにとっておくとよいでしょう。

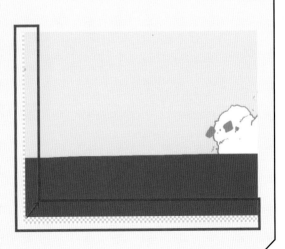

2.広がる土煙を描く

衝撃を受けて、土煙が一気に巻き上がっていく様子を描いていきます。セルを追加し、「オニオンスキン」で前のセルを参考にしながら進めます。

1 土の塊なども巻き上げられ落下します。落下する物体をゆっくり描くことでスケール感も表現できます。

2 一気に巻き上がり、膨れ上がった土煙も、ほどなくゆっくりとした動きになります。これは一発の衝撃で巻き上がった物なので、その場で拡散してゆっくりと消えていきます。

もし、中心部で燃焼が起こったりしていると燃えた煙も出ますし、上昇気流が発生し土煙も舞い上げられることになります。

POINT

中心で発生した衝撃は、同心円状に弱まりながら広がるので、大きな煙の外周にもそれより小さな煙が巻き起こります。

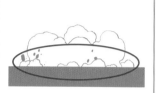

POINT

上から見た土煙のイメージです。中心から遠ざかるほど力は弱まっていくので煙も小さくなっていきます。

1 土煙や土の塊を描く

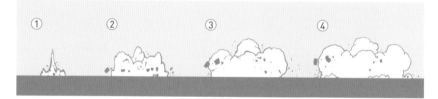

2 動きをゆっくりにしていく

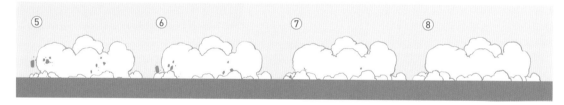

タイムライン

8枚のアニメーションです。衝撃の瞬間であるセル[1]に1コマ（フレーム）を使い、煙がゆっくりと広がりはじめたところで3コマにしています。こういった爆発でも緩急を使うことで、爆発の衝撃や煙のスケール感を表現できます。また、何もない地面を見せるために、爆発のアニメーション自体は4フレーム目からはじめています。タイムライン上で指定されているセルをすべて選択し、ドラッグして移動させます。

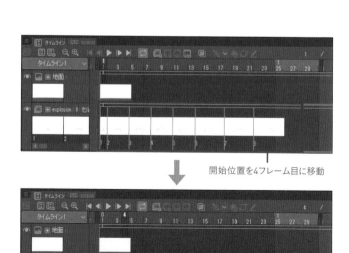

開始位置を4フレーム目に移動

今回はアニメーションセル（以降：セ
ル）の前から順番に送り描きせず、
原画を描いてから中割りをする方
法で進めます。

動きのイメージ

・強力な爆薬や可燃性の物質に
　よる爆発
・はたまた魔法のような超常的な
　力による爆発
・カッ！　ズドーン！

1. ラフで大まかなフォルムを決める

フレームレート「24fps」のアニ
メーション用のキャンバスを作
成し、大まかなフォルムをラフ
で取ります。
爆発の瞬間の炎と煙がのぼり
切ったときのフォルムをラフで
ざっくりと描きました。

ラフを描く

2. 爆発前の閃光を描く

アニメーションフォルダー［explosion］を
作成し、その中にセル［1］を作成します。そ
こに、爆発前の一瞬の閃光を描きます。
さらに、セル［2］を作成して白で塗りつぶ
すことで、画面を覆う強力な光を表現しま
す。

閃光を描く

> POINT
> 閃光は、図形ツール「直接描画」グループの
> 「直線」を使えば簡単に描けます（p.73）。

3.原画を描く

原画となる絵を描いていきます。今回は「投げなわ選択」による方法ではなく、ブラシで細かい形を模索しながら描いています。

1 アニメーションフォルダー[explosion]の中に原画のセルを[3][4][5]……と作成しながら進めます。

2 最初はシルエットを描いていきます。爆発の立体感を意識しながらアウトラインを描きます。

3 自動選択ツールの「編集レイヤーのみ参照選択」を使ってアウトラインの外側を選択し、[選択範囲]メニュー→[選択範囲を反転]します。アウトラインの内側が選択された状態になるので、[編集]メニュー→[塗りつぶし]をします。

4 シルエットの形を整えつつ、1、2の手順で、どんどんシルエットを描いていきます。

1 セルを作成

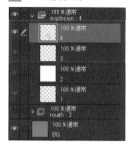

2 アウトラインを描く

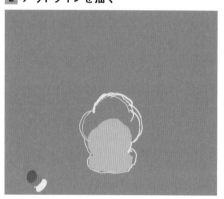

3 アウトラインの内側を塗りつぶしてシルエットを作成

4 シルエットの形を整えながら描き進める

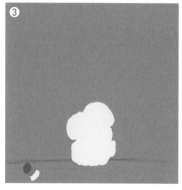
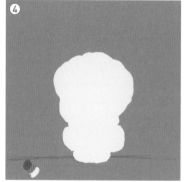
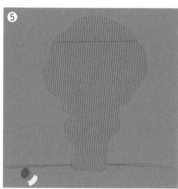

POINT

ここでも、絵の具のパレットのように使う色を別のレイヤーに塗っています。ここから、色を拾って作業しています。

POINT

ラフや1つ前のシルエットを確認、参考にしながらシルエットを描きましょう。

5 色分けしながら描き込んでいきます。対流するイメージを大事にしながら描きます。

6 原画が完成しました。閃光部分を含めて計8枚で描いています。セル[1][2]で一瞬閃光が走り、画面を強力な光が覆います。こういった表現で、すでに大きな爆発が予感させられます。

そして、セル[3][4]で燃え盛る火球のような爆炎が立ちのぼります。立ちのぼる爆炎の初速は速いです。

7 セル[5]から炎がだんだんと黒煙に変わっていきます。発生点は未だ燃焼しています。

セル[6][7][8]と爆発の勢いは、だんだんと落ち着いていきますが、爆発地点は燃えているため、燃焼による黒煙が上昇気流によって立ちのぼり続けます。

5 描き込む

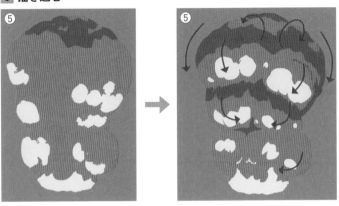

POINT

煙の塊は、上昇気流に乗って回転対流するようなイメージです(p.106)。

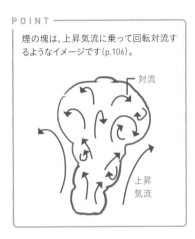

対流

上昇
気流

6 一瞬の閃光の後、爆炎が立ちのぼる

7 だんだんと黒煙に変わっていく

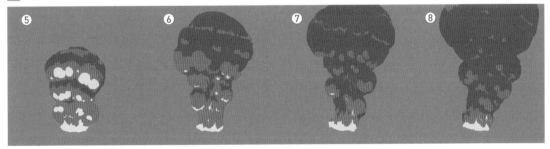

POINT

線画ではなく、塗りながら作画することに驚きや抵抗を覚えるかもしれませんが、筆者としてはこうしたほうが動きの流れが捉えやすく、また完成もイメージしやすくもあります。

もちろん線だけでこういった複雑なフォルムと動きを描くのも間違いではないですが、十分な経験と慣れが必要になるかと思います。

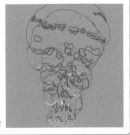

爆炎を線で捉えた場合

4.中割りを描く

中割りも、描くポイントは原画と大きく変わりませんが、上昇する煙の流れが下降して見えないように、「オニオンスキン」で前後のセルを頻繁に確認しつつ進めましょう。

アニメーションセル[4]と[5]の間に[4a][4b]の2枚、セル[5]と[6]の間に[5a][5b][5c]の3枚、セル[6]と[7]の間に[6a]の1枚、セル[7]と[8]の間に[7a][7b]の2枚の中割りセルを作成して描きます。

中割りを描く

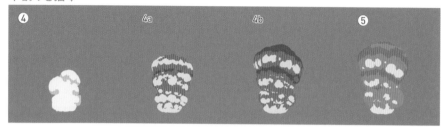

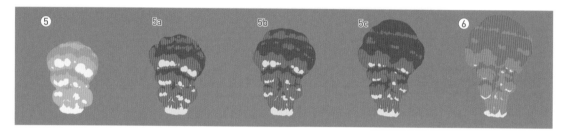

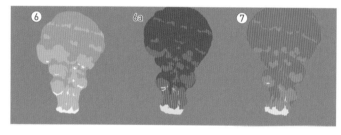

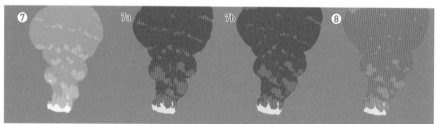

※前の原画セルは青、後ろの原画セルは赤で表示されている

タイムライン

原画8枚、中割り8枚の計16枚のアニメーションになります。基本は2コマ（フレーム）打ちですが、最初の閃光であるセル[1][2]は1コマ、爆発の勢いが弱まってきた[6]から先は3コマ打ちにしています。

また、ここでも何もない地面を見せるために、爆発のアニメーション自体は6フレーム目からはじめています。

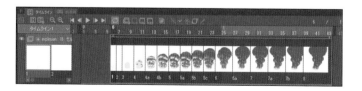

236

5.衝撃波（ショックウェーブ）を描く

爆発による衝撃を表現します。

1 アニメーションフォルダー[shockwave]を作成します。その中に3枚のセルを作成し、衝撃波（ショックウェーブ）を描いていきます。

2 エアブラシツールで下から上へと送るアニメーション素材を描きました。下から上へと向かう霧のようなイメージで衝撃波を表現しています。

1 セルを作成

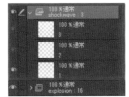

2 衝撃波を描く

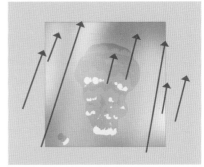

タイムライン

爆発の瞬間からやや間を置いて、迫ってきた衝撃波がカメラ（見る側の視界）をよぎります。このタイミングによって距離感が表現できます（爆発から遠いほど遅い）。

今回は、20フレーム目にしました。3枚のアニメーションを1コマ（フレーム）打ちにすることで、打ちつける衝撃の強さも表現しています。

6.背景を描く

グレーの背景だけでは味気なかったので、地面の絵を描いていきます。

1 アニメーションフォルダー[BG]を作成します。その中に2枚のセルを作成します。

2 地面の絵を爆発の前後で2枚描きます。2枚目には、地面が焦げたような表現を加えています。

1 セルを作成

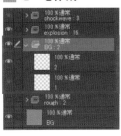

2 爆発の前後で2枚の地面を描く

1枚目

2枚目　　　　　　　　焦げたような表現

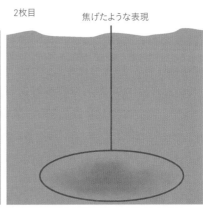

タイムライン

爆発のタイミングで2枚目の背景に切り替えます。背景に影響のあるようなアニメーションの場合は、このように背景を切り替えるというのも効果的です。

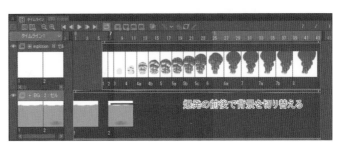

爆発の前後で背景を切り替える

6 キラリと光るエフェクト

強力な光や反射光をカメラで捉えたときに発生するレンズゴーストやハレーション効果を、デフォルメ発展させた様式的な光の表現です。
アニメーター・金田伊功氏（かなだ　よしのり）が生み出したとされ、通称「金田光り（かなだ　ひか）」と呼ばれます。正式な金田光りは、右図のように円の内側にぼかし処理を入れてたりしますが、今回は簡略化して描いていきます。本格的にこのエフェクト（に限らずですが）を極めるには、金田氏の仕事を追うことは避けられないでしょう。

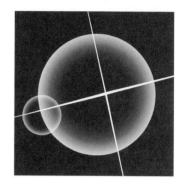

動きのイメージ

- キラっと発生して伸びた十字の光が、ゆっくり回りながら消えていく
- 円が一気に広がり、ゆっくり細くなりながら消えていく
- 上記2つを意識した緩急
- キラーン、キラッ、キラリ

1.図形ツールを使って描く

直線や円といった図形を描くための「図形ツール」を使えば、手間をかけずに描くことができます。

1 アニメーションフォルダー[flash]を作成します。今回はアニメーションセル（以降：セル）7枚で描いていきます。

2 図形ツール「直接描画」グループの「直線」を使って、十字を描きます。

3 図形ツール（p.73）「直接描画」グループの「楕円」を使って、円を描きます。円の太さは、2つの円を作成し、その内側を塗りつぶすことで調整します。

また、直線の太さは、線を何本も重ね、内側を塗りつぶすことで調整します。

POINT

図形ツール「直接描画」グループの「直線」や「楕円」を使うことで、このような円と直線からなるアニメーションも簡単にできます。

図形ツールの「直接描画」グループ

1 セルを作成

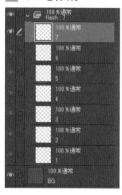

2 十字を描く

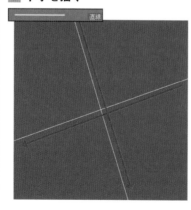

3 円を描く

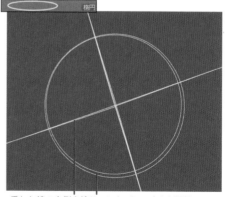

重ねた線の内側を塗りつぶすことで、太さを調整

4 は、全7枚からなる今回のエフェクトです。キラっと発生し、伸びた十字の光が、ゆっくりと回りながら消えていきます。円も一気に広がってから、ゆっくりと細くなって消えていきます。

4 完成

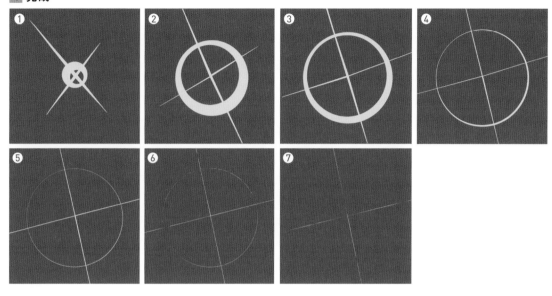

タイムライン

キラリとした感じや光の強烈さを表現するうえで、やはり緩急は欠かせません。

今回は、すべて2コマ（フレーム）打ちにしていますが、光の発生時のセル[1]に1コマを使ったり、キメの部分（目に残したい部分）で3コマ、ときには5、6コマ使ったりということも効果的です。

また、空白フレーム（p.248）も光の瞬き表現として効果的ですので、試してみてください。

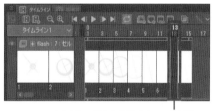

空白も光の瞬きを表現するのに効果的

POINT ─────

7枚の作画を重ねた図です。重ねると、それぞれの緩急がわかりやすいかと思います。

十字の回転のツメ指示

円の広がりのツメ指示

239

7 放射状に伸びる光

雲や建物、木々などの隙間から漏れた強い光が、放射状に延びて見えることがあります（薄明光線）。こういった現象をイメージし、強い光やエネルギーの発生点から光を放射状に伸ばし動かすことで、光の強さや揺らぎを表現することができます。

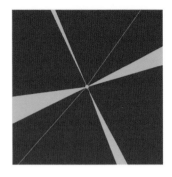

動きのイメージ
・光が反射、拡散するイメージ
・パトランプのような光
・キュイーン！　ピカ
・ファーン

1. 中心から伸びる光を描く

p.238と同様に図形ツールを使って描いていきます。光の表現で重要なのは緩急です。

1 図形ツール「直接描画」グループの「直線」を使い、中心から伸びる光の筋を描きます。

2 ゆっくりと動かすことで、光や大気の揺らぎ、あるいは発光している物体の様子を想像させます。ここまでは、ほぼ同トレス（p.176）ですが、その一方で少し動きのある光の筋も混ぜることで、有機的であったり立体的な印象になります。

3 光の筋を少し太らせたり細くしたりすることでも、揺らぎのようなものが感じられます。太い光の筋は、線を2本引き、内側を塗りつぶすことで描いていきます。

1 光の筋を伸ばす

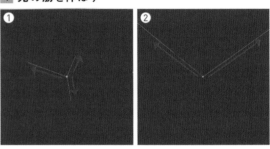

2 光の筋をゆっくりと動かす

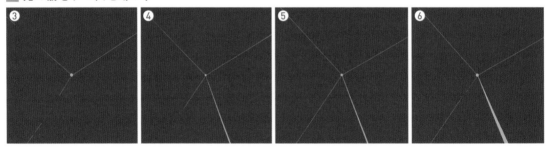

3 光の筋を太くする部分を作る

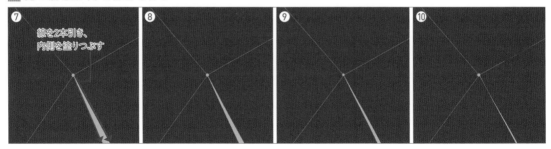

4 光の動きが加速しはじめます。前半ゆっくりとした動きだったぶん、加速の緩急によって光の強烈さが表現されます。セル［14］で光量が上がります。

5 光量も上げると、より発光の強さや動きの激しさを表現できます。また、激しい動きの場合は、前のセルとのつながりを意識しつつも、やや進みすぎるくらいの絵を混ぜても激しさの印象づけになります。

加速によって光の激しさを表現した後、集束していきます。

4 動きが加速する

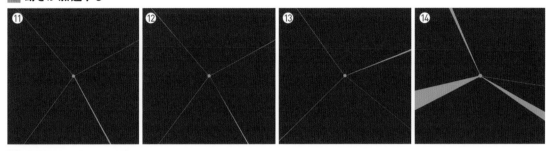

5 光量を上げた後、集束していく

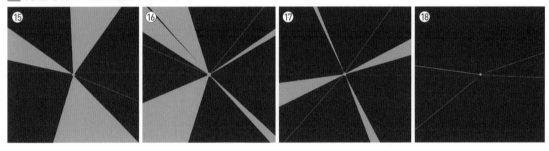

タイムライン

18枚の2コマ（フレーム）打ちで作成しています。
最後の加速による光の強さ、インフレーションのようなものを印象づけるためにも、前半の光が伸びてゆっくりと動く部分に枚数を多く使いました。

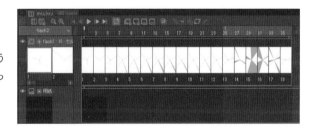

POINT ——

ゆっくりとした全体の動きの中に少し速く、そしてほかと逆行する動きも混ぜることで、単調過ぎない印象にしたり立体感を感じられるものになっています。

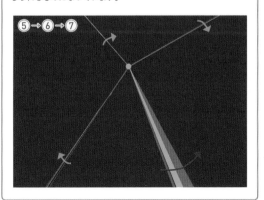

POINT ——

中心部はこういった歪なカットの宝石をとおして、光が拡散されているというイメージが近いかもしれません。

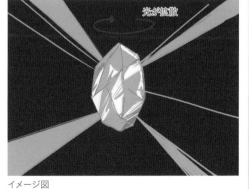

イメージ図

241

8 集束する光のエネルギー

p.240の光のエフェクトに粒子のような光の動きを足すことによって、エネルギーの集束や爆発のような表現もできます。空間に発生した重力のような引き寄せるエネルギーの動きによって魔法や超常の力も感じられます。

動きのイメージ

- ・エネルギーが中心部の引き寄せられて集束する
- ・集束は徐々に加速し、最後に一瞬ではじける
- ・グゥ——……ピカーン！

1. 集束するエネルギーとその解放を描く

光る粒子のようなものが発生し、じんわりと中心に集束、その後エネルギーの解放が起こります。やはり、重要なのはタメと解放による緩急です。

1 光の粒子の発生を描きます。中心に向かって集まってくるイメージです。

2 中心に引き寄せられる光が少しずつ増えていきます。ほぼ同トレスブレ(p.176)くらいの動きから、徐々に加速させていきます。それぞれの光の粒子は、アニメーションセル(以降：セル)が進むごとに、ややサイズのブレのようなものを入れることで、光の瞬きや、ググッと中央に引き寄せられる力の拮抗感のような印象を与えることができます。

3 グーっとタメ切ったところで一気に加速させました。中央に集束していきます。

1 小さな光の粒子が発生

2 光の粒子が増えていく

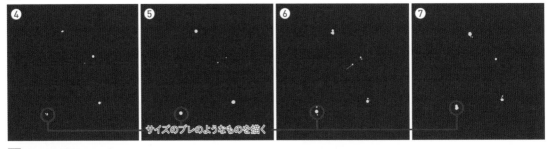

サイズのブレのようなものを描く

3 光が集束していく

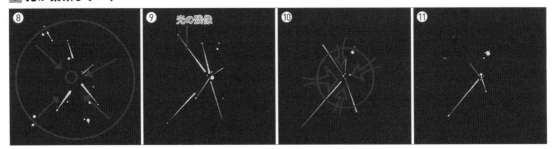

光の残像

4 ここでの光の筋は、引き寄せられる光の残像のようなイメージです。引き寄せられて集束していく光の粒子は、中心部で圧縮されていきます。単調に光を集束させるようなことはせず、光の長さや大きさ、スピードなどのランダム感も交ぜつつ圧縮させていくことで、より強いエネルギーを感じさせます。

5 限界まで圧縮したところで、光の筋が太く伸び、円を描いて弾けます。タメにタメたエネルギーの解放なので、一瞬のほうが効果的です。弾けた光は、粒子に戻っていきます。

4 光の集束、圧縮

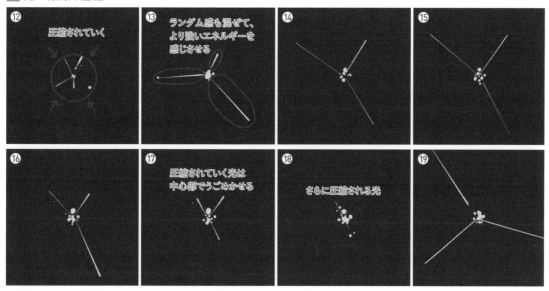

5 エネルギーの解放

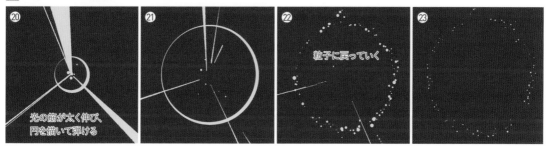

タイムライン

セルは、全23枚です。基本的には2コマ（フレーム）打ちですが、ポイントポイントで1コマ打ちや3コマ打ちを使っています。セル[1]［空白］[1]やセル[23]［空白］[23]のように、同じセルの間に空白フレームを作ることによって、光の瞬きを表現しています。空白フレームの作り方は、p.248を参照ください。

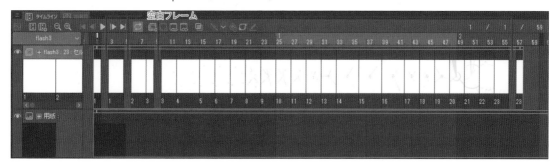

9 軌跡

武器を振ったときや斬りつけられたときなどに出る、斬撃の軌跡のようなイメージのエフェクトです。アニメーションに限らず、漫画やイラストでも利用できる表現です。

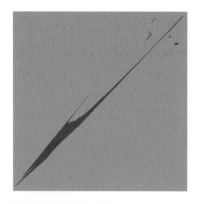

動きのイメージ
・袈裟斬りのような一閃のイメージ
・ズバッ！

動きのイメージ
・弧を描くように斬り上げるイメージ
・ズバッ！

1.直線的な軌跡

真っ直ぐ斜めに斬りつけたような軌跡のエフェクトです。
1 アニメーションフォルダー[slash_A]を作成します。その中にアニメーションセル（以降：セル）を作成しながら描いていきます。
2 斜めに振り下ろす軌道を最初に意識し、ズバッとしたイメージそのままに一気に描きます。オニオンスキンで前のセルを確認しつつ、軌跡の位置がずれないように注意します。軌道上に軌跡の余韻を入れることで目に残し、破片のような飛び散るエフェクトを残すことでインパクトを演出します。

1 セルを作成

POINT
2、3枚で一気に抜けていくようなイメージで描きます。

2 右上から左下に抜ける軌跡

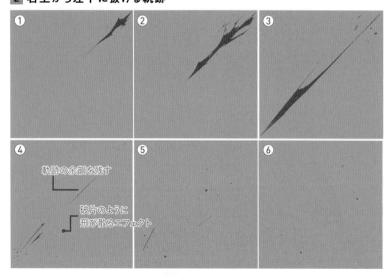

① ② ③ ④ 軌跡の余韻を残す 破片のように飛び散るエフェクト ⑤ ⑥

全6枚の2コマ(フレーム)打ちで作成しています。

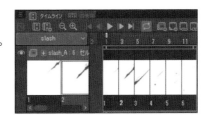

2.円を描くような軌跡

円を描くような軌道でも描き方は、同様です。

1 アニメーションフォルダー[slash_B]を作成します。その中にセルを作成しながら描いていきます。

2 右下から円を描いて右上に抜けていくイメージです。ここでも、軌道上に軌跡の余韻を入れることで目に残し、破片のような飛び散るエフェクトを残すことでインパクトを演出しています。

1 **セルを作成**

POINT
少し軌跡のシルエットを膨らませることで、勢いよく迫ってくる印象になります。

POINT
軌跡のフォルムをキレのよいエッジの利いた絵にすると、より鋭い印象になります。

2 **右下から右上に円を描く軌跡**　　　シルエットを膨らませることで、勢いよく迫ってくる印象にする

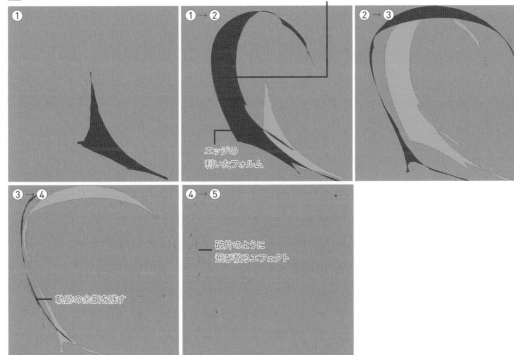

※緑色の部分は、オニオンスキンで表示した1つ前のセル

全5枚の2コマ(フレーム)打ちで作成しています。

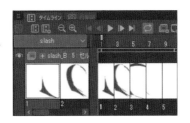

10 電撃、スパーク

Chapter4 ▶ 04_022k.clip **EX**、04_023k.clip **EX**、04_024k.clip

高圧な電流の放電によって光が発生する現象です。

火花放電、アーク放電、コロナ放電、あるいは落雷といった巨大な放電現象などいろいろな種類があり、こういったワードで検索すると放電を撮影した動画を見つけることができるので、まず、そういったものを参考に見てみることをオススメします。

一種の波や炎のような動きをイメージするとわかりやすいでしょう。大気の粒子や電子レベルの状態によっても動きに影響があるため、安定と不安定の動きを混ぜつつ明滅などを加えることでそれらしい表現になります。

←波のイメージで捉える→

動きのイメージ

- ・波の一種として捉える
- ・炎のような動きをイメージしてもわかりやすい
- ・ビリビリ

1. 動きのバリエーションを持たせて描く

フレームレート「24fps」のアニメーション用のキャンバスを作成して描いていきます。1枚目の電撃を描いたら、オニオンスキンで前のアニメーションセル（以降：セル）を参考に送り描きしていきます。

1 アニメーションフォルダー［spark_1］を作成します。その中にセルを作成し、ビリビリしたイメージを持ちながら描きます。大きな波、小さな波を意識しつつビリビリさせます。

2 次のセルを描き進めます。電撃の波が上へ伝わっていくイメージで描いていきます。

POINT

各ブラシのツールプロパティパレットで、「散布効果」にチェックを入れると、右図のようなビリビリとしたブラシも作成できます。なお、「散布効果」の項目がない場合は、ツールプロパティパレットの ボタンをクリックすることで表示される、「サブツール詳細パレット」で設定してください。

---

1 ビリビリしたイメージを持ちながら描く

①
ビリビリ

2 上へ伝わっていくイメージ

①→②

3 どんどん描き進めます。「同トレスブレ(p.176)」でその場でビリビリさせる絵を混ぜたりしつつ描きます。

4 その場でビリビリさせたら、今度は大きく動かして緩急をつけるのも効果的です。基本は波が上へ伝わっていくイメージでビリビリと進めます。

5 分裂した電撃を混ぜるのも効果的です。

6 時折、消え入りそうな弱い波を混ぜてみるのも面白いでしょう。

3 その場でビリビリさせる

② → ③

4 大きく動かして緩急をつける

③ → ④

5 分裂させる

⑩ → ⑪

6 消え入りそうな電撃を混ぜる

⑬ → ⑭

7 1 〜 6 を押さえつつ、14枚のセルに電撃を描きました。これをタイムライン上に並べて動かしていきます。

7 全14枚の電撃が完成

① ② ③ ④ ⑤ ⑥ ⑦ ⑧ ⑨ ⑩ ⑪ ⑫ ⑬ ⑭

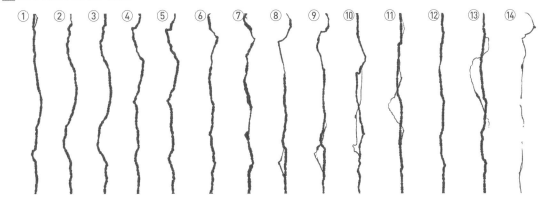

14枚のセルを、ひとまず2コマ(フレーム)打ちでセル指定します。これに、空白フレームを作成し、明滅を表現していきます。

下記Columnのいずれかの方法で、セル1枚ごとに空白のフレームを作成します。これにより、セルのオンオフが激しく切り替わることで、ピカピカとした電撃の印象が強く表現されます。

しかし、あまり激しくやりすぎると度が過ぎたショック表現となることもありますので注意しましょう。

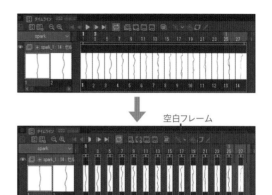

空白フレーム

Column

空白フレームを作成する

空白フレーム(空セル)の作成方法を2つ紹介していきます。

1つ目は、クリップ(p.64)を分割して片方を削除する方法です。

1 タイムライン上で分割したい部分のフレームを選択します(ここでは、アニメーションセル[1]の2フレーム目の選択)。

2 [アニメーション]メニュー→[トラック編集]→[クリップの分割]でクリップを分割します(1フレーム目と2フレーム目にセル[1]がそれぞれ分割されて指定されている状態になります)。

3 空白にしたいタイムライン上のフレームを選択し、[アニメーション]メニュー→[トラック編集]→[削除]を実行します(2フレーム目に指定されたセルが削除され、空白フレームになります)。

1 分割したいフレームを選択　　**2 クリップを分割**　　**3 フレームを削除**

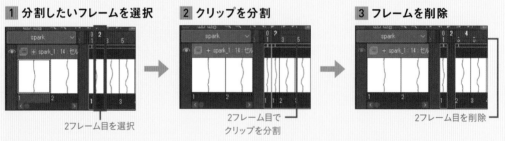

2フレーム目を選択　　　2フレーム目でクリップを分割　　　2フレーム目を削除

2つ目は、空白をセル指定する方法です。

1 空白にしたいタイムライン上のフレームを選択し、セル指定(p.28)を空欄にして[Enter]キー。

2 セルの指定がなくなり、空白フレームとなります。

1 スペースをセル指定　　　　　**2 空白フレームとなる**

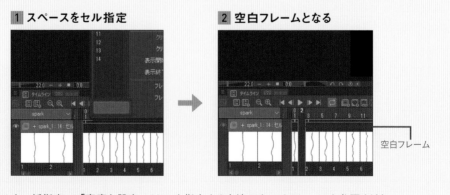

空白フレーム

3つ目は、「セルを一括指定」の「高度な設定」でセルを指定する方法です。これは、p.30を参照ください。

2. 下から上に向かって発生する電撃

左下①から発生した電撃がほかの電撃と合流しながら右上⑮へと抜けていきます。そんなループアニメーションにもなった電撃の作例を紹介します。ここでも、常にビリビリとしたイメージを持って描きます。大きな流れのある動きと、派生したイレギュラーな電撃、また、あらたに発生するもの、といったいくつかの動きを複合的に描いていきます。

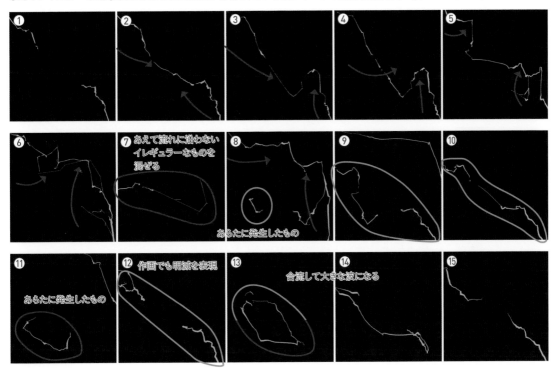

タイムライン

全15枚のセルで描きました。ここでも、空白フレームで明滅表現を作成しています。単純に空白フレームを入れるのではなく、同じ絵で明滅させたり、ときには連続で動かしていたりと、細かく調整しています。

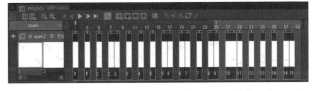

さまざまなパターンの電撃を描きつつ、明滅のタイミングも単調にしないことで、情報量が一気に増え、電撃特有の不安定な感じを表現できます。

Column

稲妻、雷の表現

稲妻は木の根のように空を這い、地上に一瞬にして到達します。
通常のスピードで表現するのであればそれはまさに一瞬ですので、中割りは、ほぼ必要ないくらいです。強烈な光で画面全体がホワイトアウトした直後、右図のように稲妻が伸びているようなイメージです。そしてそのまま焼きついたようにこの形で明滅し、数フレームで消えていきます。
また、目に見えるスピードで伸びていくような場合もあります。その際には力の伝達方向を考えて作画しましょう。

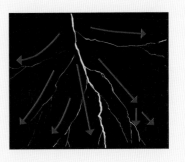

11 水（波紋）

物が落ちるなどして、水面に広がる波紋のエフェクトです。中心で発生し
たエネルギーが波となり水面を伝わっていく様子を描きます。
なお、水の動きは、p.104も参照ください。

動きのイメージ

・中心から遠くへ行くほど波の力は弱まる
・ポチャン

1.上と横から見た波紋

今回は、7枚のアニメーションセル（以降：セル）で波紋を描いて
いきます。

1 波紋は、同心円状に広がっていきます。遠くへ行くほど波の
力は弱まっていき、遅く、高さは低くなって消えていきます。
はじめのセル[1][2][3]で全方位に勢いよく広がっていきま
す。セル[4]から先、だんだんと弱くなっていき、最終的に消えて
いきます。

> **POINT**
> セル[4]は、[3]と[5]を中割りしたほうが、波紋の外側のツ
> メを正確に描けます。

1 上から見た図

2 は、横から見た波の様子です。中心からの距離による波の高
さの違いもわかるかと思います。

> **POINT**
> 水面に落ちる衝撃の強さによっては、中心の水面が落ち着
> くまで波が何回か発生することがあります。

2 横から見た図

タイムライン

全7枚でのアニメーションです。タイミングは、セル[5]までは2コマ（フレーム）
打ちですが、[6][7]と3コマ打ちにすることで、勢いがなくなりゆっくりと消え
ていくような印象になります。最後は空白フレームで波紋を消していきます。

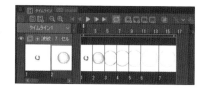

2.特殊定規による作画

同心円状に動く波紋を作画する際に便利なのが、定規ツールの「特殊定規」（p.74）です。これを使うと、作画のガイドとなる定規を作成でき、それに沿った線を描くことができます。

① 「特殊定規」を選択します。

② ツールプロパティパレットで「同心円」を選択します。

③ 中心としたい部分をクリックし、Shiftキー+ドラッグで円の大きさを決めます。再度クリックすることで定規を作成できます。

④ 定規に沿った同心円を描けるようになるので、波紋を描いていきます。

1 **特殊定規を選択**

2 **同心円を選択**

3 **ガイドとなる定規を作成**
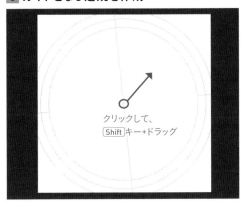

クリックして、
Shiftキー+ドラッグ

4 **定規に沿って波紋を描く**
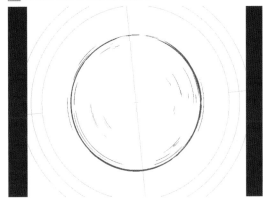

POINT

作成した定規の対象がセルになっている場合、定規アイコン▣をドラッグしてアニメーションフォルダーを対象にすることができます。これで、アニメーションフォルダー内すべてのセルが作成した定規の対象となります。

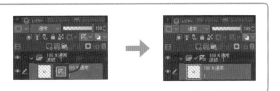

POINT

まず、このような簡単な円で一度動きやタイミングを見てみるとよいでしょう。動きやタイミングに問題がなければ、ディテールを描き込んでいきます。

POINT

定規を作成するときにShiftキーを押さずにドラッグすれば、楕円形も作成できます。

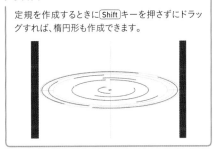

POINT

クリップ（p.64）の右上のマウスカーソルが変わったところで左右にドラッグすると、クリップの長さを調整できます。

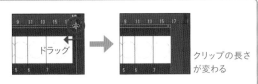

ドラッグ

クリップの長さが変わる

12 水（弾ける水）

p.250の水の波紋よりも物が勢いよく水面に落下するなどして、弾ける水の表現です。高く上がった水しぶきは粒となって落ちてきます。

動きのイメージ

・高く跳ね上がる水
・バシャッ

1．高く跳ね上がる水と飛沫の表現

今回は、アニメーションセル（以降：セル）[1][3][5][7][9]を原画とし、その間を中割りしていきました。

① ② ③

④ ⑤ ⑥

高く跳ねあがる水と同時に水面には
波紋が広がっていきます

⑦ ⑧ 波紋の余韻が残り、消えていきます ⑨
落ちてきた水滴でさらに
波紋ができたりします

タイムライン

全9枚の2コマ（フレーム）打ちで作成しています。
ここも、最後は空白フレームで波紋を消しています。

動きの段階ごとに前後のセルを重ねながらその変化を見ていきます。

1 はじめに、勢いよく跳ね上がります。セル[1][2][3]の3枚で描いています。

2 水のくっつきあう力より、水の跳ね上がる力や重力に引っ張られ落ちる力などが、それぞれに働きあい分裂し粒になっていきます。セル[3][4][5]の3枚で描いています。

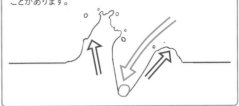
1 勢いよく跳ね上がる水

①→2→③

2 分裂し飛沫になる

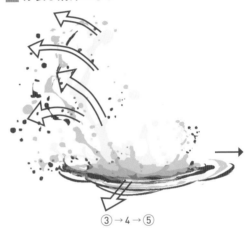

③→4→⑤

3 水滴は落下しながら、さらに空気圧などで小さな飛沫となっていきます。こういった小さな飛沫は、作画する際に途中で消してしまうような表現もよいでしょう。

4 最後に、波紋は消えていきます。セル[7][8][9]の3枚で描いています。

3 小さな飛沫となる

落ちてきた水滴でできた小さな波紋
こういう描写があるとリアリティが増していきます

⑤→6→⑦

4 消える

⑦→8→⑨

13 雨（止め絵にアニメーションエフェクトをつける）

簡単な雨の1シーンの作例を紹介します。
今回、雨のエフェクトのみアニメーションさ
せており、人物や植物は止め絵です。この
ように、止め絵にエフェクトを加えるだけで
も、魅力的なアニメーションにすることがで
きます。

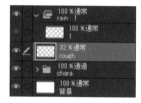

動きのイメージ

・線で描画する雨粒の表現
・雨粒でできる地面の波紋
・物に当たって弾ける雨粒の飛沫
・しとしと

1.ラフを描いてイメージを固める

ラフを描いて、雨や波紋、飛沫のイメージを固めていきます。
1 アニメーションフォルダー［rain］を作成し、その中にアニメーションセル（以降：セル）
を作成します。さらに、［rough］レイヤーとレイヤーフォルダー［chara］を作成します。
2 止め絵となる人物や植物は、レイヤーフォルダー［chara］の中にまとめられています。
3 止め絵に重ねるように、［rough］レイヤーに雨のイメージを描きます。

1 セル（レイヤー）を作成

100%通常 rain : 1	
100%通常 1	
32%通常 rough	
100%通過 chara	
100%通常 背景	

2 止め絵部分を描く

3 雨のラフを描く

2.特殊定規による作画

雨もp.250の水の波紋と同じように、定規ツールの「特殊定規」を使うと簡単に描けます。

1 「特殊定規」を選択します。

2 ツールプロパティパレットで「平行線」を選択します。

3 キャンバスをドラッグすると、平行線のガイドとなる定規が作成されます。なお、Shiftキー+ドラッグするときれいな直線の定規を作成できます。

4 定規に沿って雨を描いていきます。「雨は上から降ってくる物」というイメージを常に持ちながら4枚ほど描きました。規則性に沿いすぎていてもそれはそれで雨に見えないので、ランダム感が重要になります。長さや太さを変えたり、線を途切れさせたりして、ランダム感を出していきます。手前と奥とで太さを変えると、距離感も表現できます。

1 特殊定規を選択

2 平行線を選択

3 ガイドとなる定規を作成

4 定規に沿って雨を描く

タイムライン

全4枚の2コマ(フレーム)打ちで作成し、ループさせています。より激しい雨の場合、1コマでもよいでしょう。

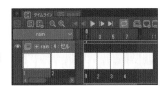

POINT

定規に沿って描きたくない場合は、レイヤーパレットの定規アイコンを Shift +クリックすることで無効にできます。無効になるとバツ印がつきます。もう一度 Shift +クリックすると有効になります。

POINT

雨が傘から滴る様子を描き入れると臨場感が出ます。

POINT

地面にできる波紋は、できては消え、できては消え、というのを繰り返します。セル[1][2][3][4]それぞれで発生する波紋をバラバラに作成することでループ感を薄めています。

POINT

傘などに当たって跳ねる雨粒もランダムで表現します。大きく跳ねた雨粒は、何枚かにわたって消えていくほうが自然な表現になります。

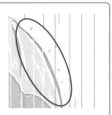

5 | 実写を用いたアニメーション

p.140で、実写と手描きのアニメーションを組み合わせた表現について紹介しました。そこで
紹介した「ロトスコープ」の手法のメイキングを解説します。

1 ロトスコープ

Chapter4 ▶ 04_028k.clip EX

実写をうまく用いるのもアニメーション制作の面白さの1つです。ここでは、CLIP STUDIO PAINTでのロトスコープ(p.141)
の手順を紹介します。

実写をガイドに作画するロトスコープなので、まず実写撮影した映像(もしくは画像)が必要になります。

ここでは、タップダンスを題材にした映像をベースにしました。こういったダンスやプロスポーツ、楽器の演奏などは、知
識や参考にする何かがないと動きの「とっかかり」が得られないものです。そんなとき、ロトスコープはとても効果的な手法
となります。

実写

ロトスコープ

動きのイメージ

・タップダンスのステップ

・リズム感を大事に描く

1. 実写素材を読み込む

フレームレート「24fps」のアニメーション用のキャンバスを作成し、あらかじめ用意しておいた実写の連番画像をCLIP STUDIO PAINTに読み込みます。

1 実写の連番画像を読み込むためのアニメーションフォルダー[実写素材]を作成します。

2 アニメーションフォルダー[実写素材]を選択した状態で、[ファイル]メニュー→[読み込み]→[画像](p.66)を選択します。

3 「開く」ダイアログが表示されるので、読み込みたい実写素材をすべて選択します。

4 アニメーションフォルダー[実写素材]に選択した実写素材がすべて読み込まれました。

1 アニメーション
フォルダーを作成

2 [ファイル]メニュー→[読み込み]→
[画像]

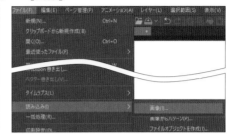

3 実写素材を選択する

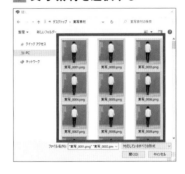

4 実写素材が
読み込まれる

POINT

ここで使っている実写の画像は、撮影した映像を「Adobe After Effects」で編集し、連番画像として書き出したものです。ちなみに、なぜ「Adobe After Effects」で行っているかというと、映像のフレーム単位での取捨選択も容易だからです。映像のfpsを12や8に単純に落として制作するのではなく、フレーム単位の絵やタイミングを見ながら取捨選択して調整することで、より実写のエッセンスとアニメーション表現をうまく調和させることができます。

もちろん、「Adobe After Effects」がなければ、ロトスコープ用の実写素材ができないということはありません。最近では、スマートフォンのアプリケーションでも簡易な編集ができるソフトはたくさんありますので、スマートフォンで撮影し、編集することで、ロトスコープをするというのもありかと思います。カメラの連射機能で撮影した画像を使うのも面白いですね。

Column

ファイルをドラッグ＆ドロップして読み込む

CLIP STUDIO PAINT上に、画像を保存しているフォルダーからファイルをドラッグ＆ドロップすることでも、読み込むことができます。

このときの注意点としては「レイヤーパレットのアニメーションフォルダーにドラッグ＆ドロップする」ということです。キャンバス上にドラッグ＆ドロップしてしまうと画像ファイルを「開く」ことになり、制作中のキャンバスに読み込まれません。

実写素材をレイヤーパ
レットのアニメーション
フォルダーにドラッグ＆
ドロップ

2.セル指定する

読み込んだ実写素材を、タイムライン上にセル指定
(p.28)します。

1 タイムライン上の1フレーム目を選択します。

2 [アニメーション]メニュー→[トラック編集]→[セ
ルを一括指定]を選択します。

3 「セルを一括指定」ダイアログが表示されるので、
「既存のアニメーションセル名から指定」にチェック
を入れます。チェックを入れると、選択中のアニメー
ションフォルダーに入っているセル(ここでは、実写素
材)の最初と最後が自動で入力されるので、その状態
で「OK」ボタンをクリックします。

4 これで、タイムラインに実写素材を指定することが
できました。しかし、今回細かなタイミングを生かすた
めに「24fps」で映像を書き出しているため、読み込ん
だ実写素材で重複したフレームが多く存在します。そ
のため、それを削除する必要があります。まず、タイム
ライン上で不要な実写素材のフレームを選択します。

5 [アニメーション]メニュー→[トラック編集]→[削
除]で、選択したフレームの実写素材の指定を削除
します。これを根気強く行い、実写素材を精査してい
きます。

1 **1フレーム目を選択**

2 **[アニメーション]メニュー→[トラック編集]→[セルを一括指定]**

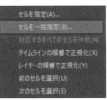

3 **「既存のアニメーションセル名から指定」にチェックを入れる**

4 **不要なフレームを選択**

重複している不
要なフレームを
選択

5 **不要な実写素材の指定を削除**

3.正規化する

実写素材を精査したことにより、必要なものの名称がわかりにくいので、正
規化してリネームしていきます(「実写_0001」「実写_0002」→「1」「2」に変更)。

1 [アニメーション]メニュー→[トラック編集]→[タイムラインの順番で
正規化]を実行します。これで、必要な実写素材が連番でリネームされ、
わかりやすくなりました。

1 **リネームする**

POINT

[タイムラインの順番で正規化]すると、タイムライン上
で使われていないセル(実写素材)は、フォルダー上部
にまとめられます。これらは不要なので、削除しておき
ましょう。

4．作画するセルを作成する

ロトスコープでベースとなると実写素材の準備ができたので、作画用のアニメーションフォルダーとセルを作成します。

1 アニメーションフォルダー[A]を作成します。[A]の中に作成するセルの構成は、レイヤーフォルダーを使い、線画(line)、色塗り(col)とで分けています。

2 作成したアニメーションフォルダー[A]のタイムラインを、アニメーションフォルダー[実写素材]と同じにします。タイムライン上で[実写素材]のフレームをすべて選択します。そして、[アニメーション]メニュー→[トラック編集]→[コピー]を実行します。

3 アニメーションフォルダー[A]のタイムラインの1フレーム目を選択し、[アニメーション]メニュー→[トラック編集]→[貼り付け]でコピーしたタイムラインを貼り付けます。

1 作画用のセルの作成

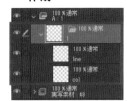

2 タイムラインをコピー

3 タイムラインを貼り付け

コピーしたタイムラインを貼り付ける

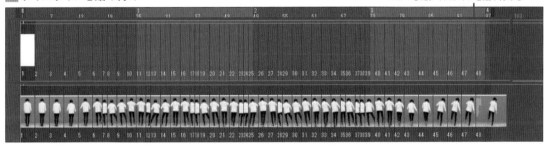

これで、アニメーションフォルダー[A]と[実写素材]が同じタイムラインになりました。しかし、[A]のほうには、対応するセルがないので、作成する必要があります。

4 [アニメーション]メニュー→[トラック編集]→[対応するすべてのセルを作成]を実行します。すると、タイムライン上で指定されているセルをレイヤーパレットにすべて作成します。最初に作成したセルの構成も引き継いでいます。

なかなかややこしい手順ではありましたが、これでロトスコープによる作画をはじめるための準備が整いました。

4 作画用のすべてのセルを作成

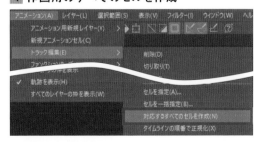

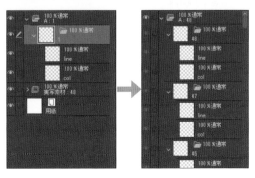

POINT

CLIP STUDIO PAINTでは、ムービーファイルも読み込めるので、簡単に済ませたい場合は、[ファイル]メニュー→[読み込み]→[ムービー]で「avi」や「mp4」ファイルを読み込んで作成するのもよいでしょう。しかし、ムービーファイルの場合は、CLIP STUDIO PAINTでの編集やタイミング調整ができないので、その点は注意してください。

5. 実写をなぞって描く

実写素材をひたすらなぞります。

1 アニメーションフォルダー[A]のアニメーションセルの線画用のレイヤー(line)で、実写素材をなぞっていきます。

背景にやや暗い色を引いたり（素材によっては明るいものがよかったりもします）、実写素材の透明度を少し下げると視認しやすくなります。そのフレームの実写素材だけを見ながらなぞるのではなく、アニメーションなので前後のフレームも見ながら描き進めるようにしましょう。

2 線画ができたら塗っていきます。筆者がロトスコープするときのスタイルは、シンプルな線画を描き、塗りでイメージを固めていく方法です。

1 線画を描く

カラーピック用の
レイヤーを作成しています

2 色を塗る

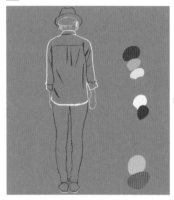 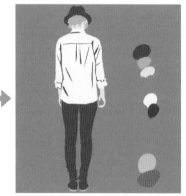

POINT

ロトスコープでは、服のシワの取捨選択が難しいところです。シワが多すぎると、動かしたときにシワがバタバタ動いてしまい、うるさいアニメーションになってしまうといったことも起こりやすいです。個人的にシンプルなほうが好きというのもあります。

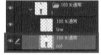

3 完成の色に置き換えます。今回は実写素材の色を拾いながら背景も作成しました。

POINT

色の置き換えは、塗りつぶしツールの「編集レイヤーのみ参照」を選択し、ツールプロパティパレットで「隣接ピクセルをたどる」(p.148)などのチェックを外して塗るとよいでしょう。

POINT

作画する際の色についてですが、実写を参考にそれと似たような色で描いていると、どこに何を描いたのかわからなくなり、線を見失いがちです。そこで、このように、明確に違う仮の色で描き、後で色を変える、といった方法をオススメします。

3 完成の色に置き換える

2 ロトスコープの応用

ロトスコープだからといって、実写を必ずなぞらなければならない、といったことはありません。アニメーションならではのさまざまな手法と組み合わせることで、表現の幅が広がります。ほんの一例を紹介していきます。

ロトスコープに通常の中割りを入れる

すべての絵を実写からなぞるだけでなく、ゆっくりとした動きの部分などに通常の作画を混ぜるのも面白い表現といえるでしょう。原画として前後のキーフレームの部分をロトスコープで描き起こし、その間の部分の中割りをするといった通常の作画手法です。
実写の揺らぎやある種のノイズのようなものを取り込みつつも、アニメーションとして制御することでロトスコープにありがちなブヨブヨと輪郭や影などが1枚ごとに動きすぎてしまうことを抑えた表現になります。

1 原画をロトスコープで描き、「オニオンスキン」(p.49)を有効にする。
2 原画と原画の間を中割りする。

1 オニオンスキンで前後のアニメーションセルを表示

2 通常の中割りをする

オバケ表現を取り入れる

単純に実写をなぞるだけでなく、動きの幅やスピードを観察したうえで、輪郭をブレさせたり、ときにはオバケ表現(p.134)を入れるというのも効果的です。
激しい動きを撮影したときには、映像自体も大きくブレていたりすることもあるかと思います。そういったブレのどこをどう絵に起こすかでも、描く人の個性が現れるのがロトスコープの面白いところです。

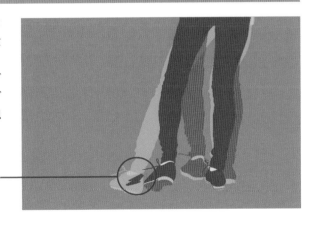

オバケ

エフェクトと組み合わせることで、アニメーションならではのメリハリや面白さを表現できます。
このアニメーションでは、ステップに合わせて弾けるエフェクトを足すことで、ステップのインパクトやケレン味を足してみました。絵を引いたり足したりすることで、さまざまな表現ができるのもアニメーションならではです。

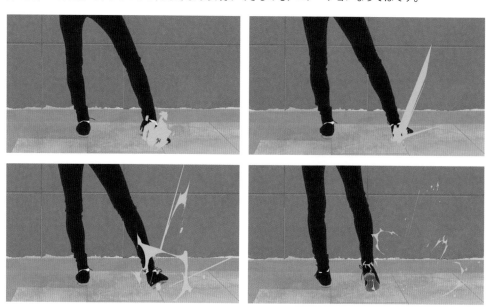

Column

東映アニメーションデジタルタイムシート

アニメーション制作では「Adobe After Effects」を使ってのコンポジット作業による仕上げを行うことも珍しくありません。このとき、せっかくCLIP STUDIO PAINTのタイムラインでアニメーションのタイミングを決めたので、書き出した画像が「Adobe After Effects」でも同じタイミングで表示されるようにしなくてはなりません。ソフト上で1枚ずつタイミングを指定することになるのですが、それはとても大変ですし、間違えてしまうなどのヒューマンエラーが起こりがちです。
そこで便利なのが「東映アニメーションデジタルタイムシート」です。CLIP STUDIO PAINTと連携して、タイムシートと同様の表示形式でCLIP STUDIO PAINTのタイムライン情報を編集できるソフトウェアとなっています。このソフトウェアは下記URLよりダウンロードインストールできます。

https://www.clipstudio.net/ja/dl/toeianimation/

CLIP STUDIO PAINTの[アニメーション]メニュー→[タイムライン]→[東映アニメーション デジタルタイムシートにタイムシート情報を適用]を実行すると、インストールした「東映

東映アニメーションデジタルタイムシートに表示されるタイムラインは縦軸

アニメーションデジタルタイムシート」が起動してCLIP STUDIO PAINTのタイムシート情報が反映されます。そこから「Adobe After Effects」へ貼り付けることのできる形式でタイムライン情報をコピーできます。

Chapter 5

Yoshibe's Works Digest

筆者の仕事の中から「アイドルマスター シンデレラガール
ズ」のメディアミックスショートアニメーション『Spin-off!』
での担当作業について、簡単に紹介していきます。
巻末には実際に現場で使った「絵コンテ」を特別掲載しています。

1 | アイドルマスター シンデレラガールズ ショートアニメ『Spin-off!』

筆者が監督を務めたショートアニメーション『Spin-off!』から、制作工程で担当したパートを一部紹介していきます。

1 『Spin-off!』とは

『アイドルマスター シンデレラガールズ』の8周年記念としてオレンジにて制作された約6分間のショートアニメーション。正式名称は『THE IDOLM@STER CINDERELLA GIRLS 8周年特別企画 Spin-off!』。楽曲「オウムアムアに幸運を」に乗せて展開されるストーリー仕立てのプロモーション・フィルムになっています。

筆者は監督という立場で制作に参加し、全体を取りまとめながらイメージボードや絵コンテなどの作業も行いました。

『Spin-off!』のショートアニメーションは、次のURL（もしくはQRコード）にアクセスすることで視聴できます。
https://asobistore.jp/content/title/Idolmaster/cg_spinoff/

Column

『アイドルマスター シンデレラガールズ』とは

アイドルマスター シンデレラガールズ（THE IDOLM@STER CINDERELLA GIRLS）』は、バンダイナムコエンターテインメントが運営するソーシャルゲーム。2011年からサービスを開始し、ソーシャルゲームブームをけん引した作品の1つ。プレイヤーはアイドル事務所に所属するプロデューサーとなり、担当するアイドルを育成していくというのが基本コンセプトです。2015年にはスマートフォン向けアプリゲーム『アイドルマスター シンデレラガールズ スターライトステージ』のサービスが開始され、そこには『Spin-off!』で使われている楽曲「オウムアムアに幸運を」も収録されています。

2021年で10周年を迎えた本作は、登場するアイドルの魅力はもちろん、10年という歳月が紡いだ物語によって多くのファンことプロデューサーの心を掴んで離しません。

下図は、『Spin-off!』のおおまかなワークフローになります。普段手掛けるミュージックビデオと異なり、ストーリーのあるアニメーションを前提として、絵コンテに合わせて楽曲を制作していただくという形でのワークフローでした。
次ページから**3**～**5**の工程を紹介します。

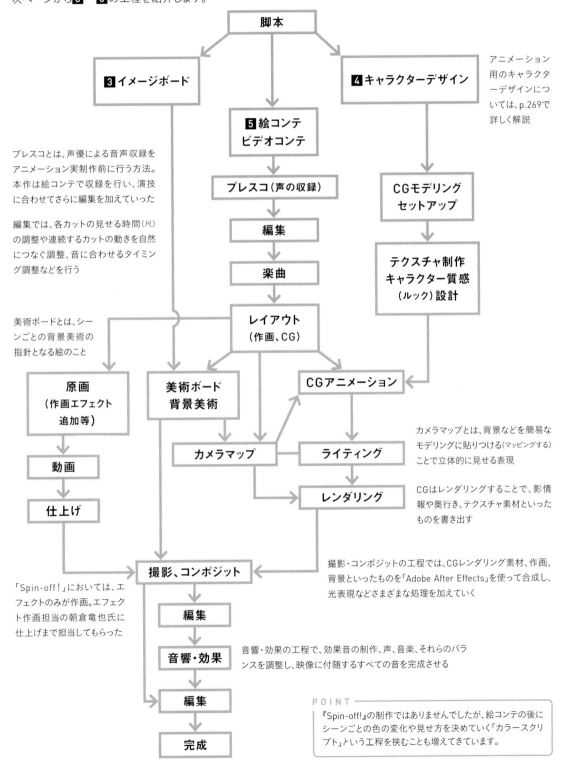

アニメーション用のキャラクターデザインについては、p.269で詳しく解説

プレスコとは、声優による音声収録をアニメーション実制作前に行う方法。本作は絵コンテで収録を行い、演技に合わせてさらに編集を加えていった

編集では、各カットの見せる時間（尺）の調整や連続するカットの動きを自然につなぐ調整、音に合わせるタイミング調整などを行う

美術ボードとは、シーンごとの背景美術の指針となる絵のこと

カメラマップとは、背景などを簡易なモデリングに貼りつける（マッピングする）ことで立体的に見せる表現

CGはレンダリングすることで、影情報や奥行き、テクスチャ素材といったものを書き出す

撮影・コンポジットの工程では、CGレンダリング素材、作画、背景といったものを「Adobe After Effects」を使って合成し、光表現などさまざまな処理を加えていく

「Spin-off!」においては、エフェクトのみが作画。エフェクト作画担当の朝倉竜也氏に仕上げまで担当してもらった

音響・効果の工程で、効果音の制作、声、音楽、それらのバランスを調整し、映像に付随するすべての音を完成させる

POINT
『Spin-off!』の制作ではありませんでしたが、絵コンテの後にシーンごとの色の変化や見せ方を決めていく「カラースクリプト」という工程を挟むことも増えてきています。

アニメーション制作のコンセプトとなる画面や象徴的な情景などのイメージを1枚絵として具現化していきます。それが、イメージボード（もしくはコンセプトアート）と呼ばれる工程です。
完成イメージをスタッフ間で共有するため、またクライアントにプレゼンテーションをするうえでも重要です。

脚本制作初期のプロット段階で描いたイメージボード

制作初期に描いたイメージボードです。このようなカーアクションやエモーショナルなシーンを作りたいというビジュアルコンセプトになります。シチュエーションや車種などは変わりましたが、ド派手なカーアクションシーンや終盤に向けて日が暮れていく構成、皆で新たな一歩をスタートするラストシーンなど、エッセンスとして最後まで反映されています。

イメージボード①

イメージボード②

脚本制作中に描いたアイデアスケッチ

「Spin-off！」では、イメージボードに加えてアイデアスケッチを描き、スタッフ間でイメージを共有しながらストーリー制作を進めていきました。p.269-279のスケッチは、脚本終盤の展開を考えているときのものです。

アイデアスケッチ①

長いメモであれば書き文字でなく、入力できるのもデジタルならではの便利さ。書き加えたり、修正したり、消したりも手軽にできる

創造の力で物理演算を超越して次元を超える。

誰かの創造のレールから外れ、
アニメの世界、ファンタジーの力を逆手に取り
自分自身の創造の力を信じて獲得し、
産み出していけるようになる。（主人公補正？）

物理法則という概念も越え、
壁を走り、さらには光速を超越し、
そのエネルギーで次元を越えるみたいな、
イメージです。

ビルをかけのぼるバス。

アイデアスケッチ②

空へ…。

光速を超え、ゆがみはじめる。

いっけー！！

（とちゅうなんか最後は花ヨメがハンドルをにぎってたい）

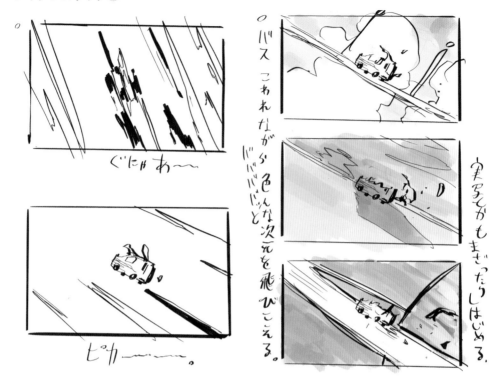

ぐにゃあ〜〜

ピカ〜〜〜。

バス これながら色んな次元を飛びこえる。

ババババッと

実写とかもまざったりしはじめる。

アイデアスケッチ④

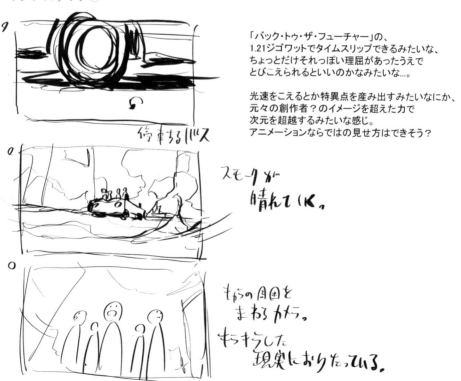

停車するバス

スモークが
晴れていく。

むこうの周囲を
まわるから。
キラキラした
現実におりたっている。

「バック・トゥ・ザ・フューチャー」の、
1.21ジゴワットでタイムスリップできるみたいな、
ちょっとだけそれっぽい理屈があったうえで
とびこえられるといいのかなみたいな...。

光速をこえるとか特異点を産み出すみたいなにか、
元々の創作者？のイメージを超えた力で
次元を超越するみたいな感じ。
アニメーションならではの見せ方はできそう？

4 キャラクターデザイン

アニメーション制作では原作があるものが多いので、キャラクターデザインとはアニメーションにどう落とし込んでいくかの作業になります。『Spin-off！』においてもアイドルマスター シンデレラガールズでのキャラクターデザインをベースに、劇中での衣装などを含めたアニメーション用のキャラクターデザインを行いました。

キャラクターデザインのスケッチ

キャラクターデザインは、脚本がある程度進んだ段階でイメージボードと併行して行いました。筆者の描いたスケッチを基に衣装監修の斉藤ミク氏にアドバイスをいただき、タナカテツロウ氏にキャラクターデザインの設定を描いてもらいました。

イメージボードと併行して描いたキャラクターのスケッチ

キャラクターデザインと併行して、プロップ（劇中に出てくるアイテムなど）のデザインも進めていきます。

劇中で彼女たちがアクションを繰り広げる舞台となる車のスケッチ

絵コンテ・ビデオコンテ

絵コンテとは、アニメーション制作における画面の設計図のようなものです。カット内の人物などの演技の内容や場面のレイアウト、そのカットが何秒なのかといった時間の尺を書き記します。さらに、そのカットをつないでいったシーンを通しての間やストーリーなどをより印象づける演出といったこともプランニングしていきます。

また、それらのシーンやカットの中で出てくる作画はもちろん、背景美術や3DCG、アイテムの設定など、必要となるものを割り出すといった目的にもなるため、まさに設計図としての機能になります。

一方、ビデオコンテ（Vコンテ）は、絵コンテが紙に出力されることを想定したコマ割りのようなものとメモ書きによって描いていくのに対し、時間軸上にコンテの絵を並べることで、ムービーとして作成します。そのため、完成時に流れていく時間や動き、カットの切り替わりのイメージがしやすくなります。とくに音楽に合わせた映像（MVやオープニングアニメーションなど）では有効です。

ラフスケッチ

『Spin-off！』では、脚本にカットの切り替わりやラフスケッチを描き込んでいき、イメージを固める作業を行いました。おかげで脚本をより深く読み込むことができ、絵コンテ作業にもスムーズに入れました。

脚本とラフスケッチ①

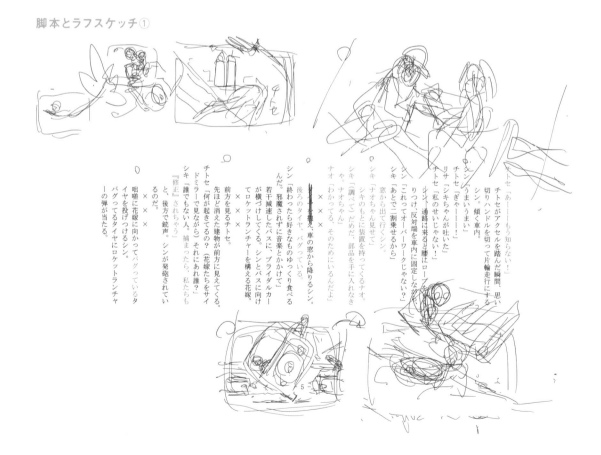

脚本とラフスケッチ②

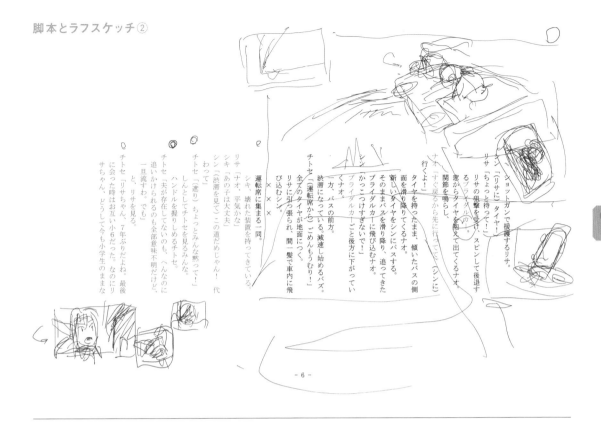

リサ「(シンに)タイヤ！」
シン「ちょっと待って！」
ショットガンで援護するリサ。
リサの狙撃を受け、スピンして後退するブライダルカー。
窓からタイヤを構えて出てくるナオ。
関節を鳴らし、
ナオ「すぐ戻るから先に行ってて」（シンに）行くよ！
タイヤを持ったまま、傾いたバスの側面を滑り降りてくるナオ。
新しいタイヤをシンにパスする。
そのままバスを滑り降り、追ってきたブライダルカーに飛び込むナオ。
かっこつけすぎないで！
ブライダルカーごと後方に下がっていくナオ。
リサに引っ張られ、間一髪で車内に飛び込むシン。

チトセ「運転席から」ごめんもう無理！」
全てのタイヤが地面につく。減速し始めるバス。
一方、バスの前方。
渋滞になっている。

×　×　×

リサ、壊れた装置を持ってきている。

シキ「あの子は大丈夫」
シン「平気かな」
チトセ「（渋滞を見て）この道だめじゃん！代わって」
しんとしてチトセを見るみんな。
ハンドルを握りしめるチトセ。
シン「（通り）ちょっとみんな黙って！」

リサ「ナオ、平気かな」

チトセ「リサちゃん、7年ぶりだよね。最後に会った時はお互い小6だった。なのにリサちゃん、どうして今も小学生のまま
夫が存在してないのも全部意味不明だけど、一旦流すわ。でも」
追いかけられるのも、へんなのに
と、リサを見る。

- 6 -

脚本とラフスケッチ③

私たち、何が起きてるの？
二人を見ているシンとシキ。
リサ「…私たちはみんな誰かに管理されて、誰かの都合で作られたものなの。この世界自体が誰かの都合で生きてる。
『アップデートが必要です』という警告のポップアップが浮かんでいる。
リサ、自分の首筋から、冒頭でチトセが叩かれたあたりを見せる。
シキ「ずっとこの日を待ってたの。誰かの都合で生きるなんて嫌。あなたもそうでしょ」
小さくうなずくシン。
シキ「わたしはアップデートを止めたから大人にならない。だから」
渋滞にはまっているバス。
チトセ「……」
見つめ合うふたり、ふと笑うチトセ。
チトセ「…なんで私も助けてくれるの？」
リサ、服の中からネックレスを引っ張り出す。チェーンにおもちゃの指輪が通されているもの。
チトセがつけているものと同じもの。

すぐ背後までブライダルカーが迫ってくる音が聞こえる。
急に思い切りハンドルを切るチトセ。
フェンスを突き破るバス。
悲鳴のような歓声をあげる4人。
高速道路から飛び降り、下を走る道路に着地するバス。
追って高速から飛び降りてくるブライダルカーたち。
4人。
ナオ「あれっ？」
窓から顔を出すナオ。ロケットランチャーを持っている。
ナオ「ただいまー」
と、車内に入ってくるナオ。
がブライダルカーたちが突然消える。

- 7 -

絵コンテとビデオコンテでイメージを共有

コンテ制作では、通常「絵コンテ用紙」という枠や欄のある用紙で描き進めたりしますが、筆者の場合はフレームを6コマほど並べた用紙に連続したスケッチを描いたものを「Adobe After Effects」を使用して時間軸に並べたり、「CLIP STUDIO PAINT」で最初からタイムラインでコンテを制作し、「Adobe After Effects」で編集してビデオコンテとすることが多いです。
イメージを明確にしてほかの作業者と共有したりする際に、ビデオコンテは有効です。

連続したスケッチ

現場の作業者が共通して使用する絵コンテに落とし込みます。コンテ内容の補足事項や指示書きに加えてセリフや効果音のイメージなども記載しますが、作業担当者との打ち合わせなどで新たなアイデアや処理内容などが出たときは追加で書き加えていきます。
p.274-277で実際に現場で使った絵コンテの一部を掲載します。ぜひとも、アニメーション制作に役立ててください。

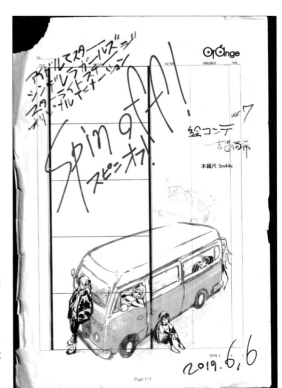

制作中は絵コンテを片時も離せないので、このようにボロボロになってしまいます。

とはいえ、最近は絵コンテもフルデジタル化が進んでおり、プリントアウトせずにPDFで運用しているので、そういったこともなくなりました。

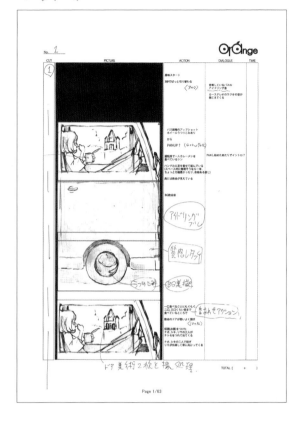

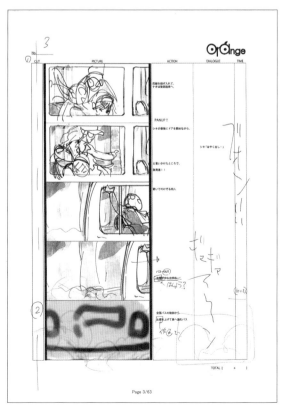

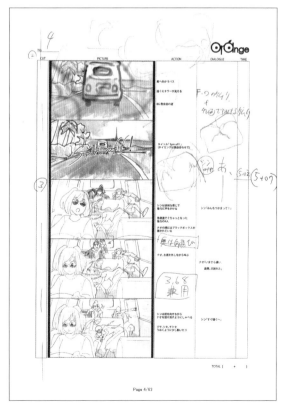

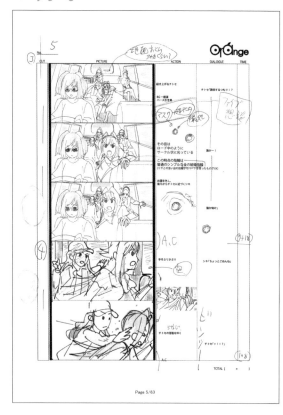

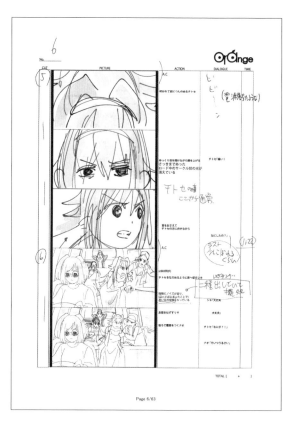

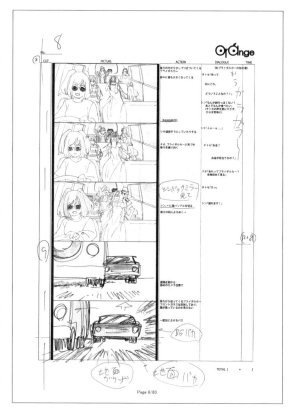

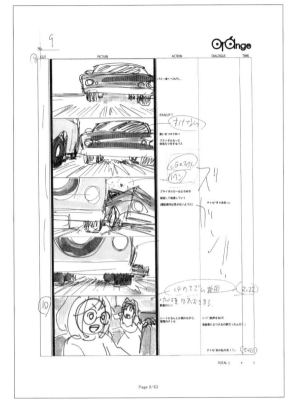

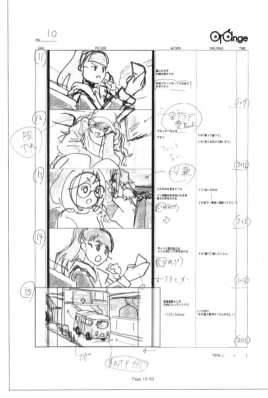

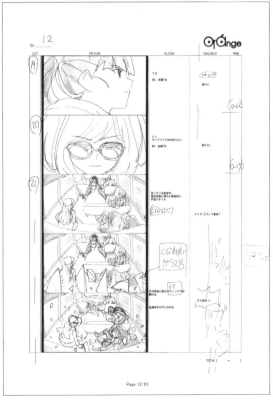

Chapter
5

アイドルマスター　シンデレラガールズ　ショートアニメ『Spin-off!』

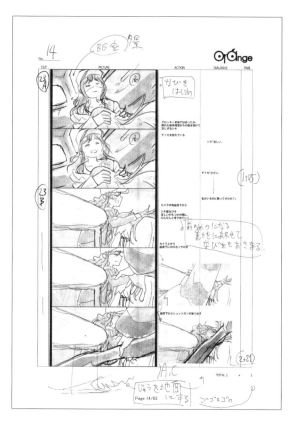

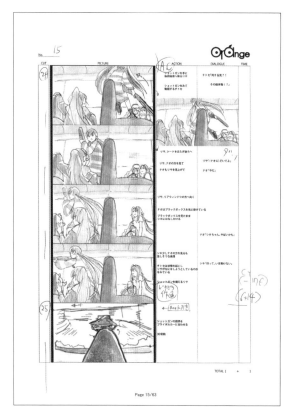

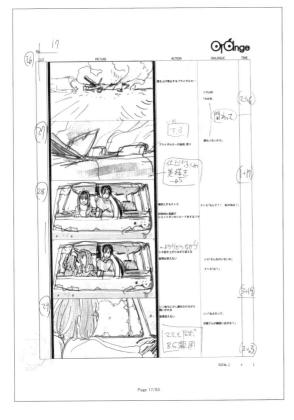

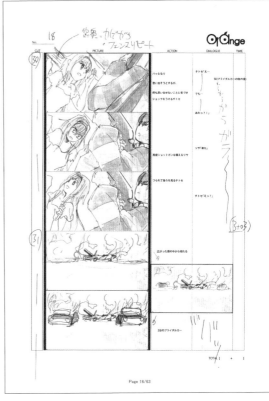

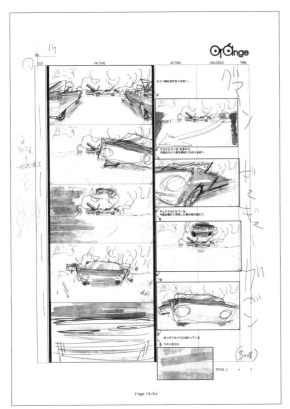

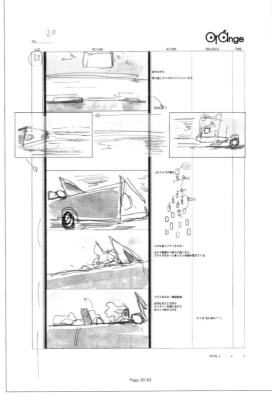

INDEX（用語）

英数字

あ

か

さ

た

な

は

ま

ゆ

ら

わ

吉邉尚希 （ヨツベ）

アニメーター／ディレクター。
東京工芸大学芸術学部アニメーション学科卒。
有限会社神風動画などを経て現在フリーランスとしてディレクター・絵コンテ・作画・CGアニメーション・コンポジット等マルチに活動中。
監督作としてWEBアニメ『The Missing 8』シリーズ、短編作品『THE IDOLM@STER CINDERELLA GIRLS　8周年特別企画 Spin-off!』。
TVアニメーション作品のオープニングディレクターとして『ジョジョの 奇妙な冒険 Part2 戦闘潮流』、『GATCHAMAN CROWDS』、『はねバド！』、『MIX MEISEI STORY』、『シキザクラ』などに参加。

Twitter
https://twitter.com/yotube

YouTube
https://www.youtube.com/c/naokiyoshibe

Tumblr
https://yotublr.tumblr.com/

ブックデザイン	小口翔平＋阿部早紀子(tobufune)
DTP	中沢岳志, 加納啓善, 白石和歌子(株式会社 山川図案室)
編集協力	ひのほむら
編集	難波智裕(株式会社レミック)
	秋山絵美(技術評論社)
協力	株式会社セルシス, 株式会社バンダイナムコエンターテインメント, 有限会社オレンジ

ショートアニメーション メイキング講座
吉邉尚希works by CLIP STUDIO PAINT PRO/EX
【増補改訂版】

2022年 2月9日 初版　第1刷発行
2023年 5月2日 初版　第3刷発行

著者	吉邉尚希
発行者	片岡 巌
発行所	株式会社技術評論社
	東京都新宿区市谷左内町21-13
	電話 03-3513-6150(販売促進部)
	03-3513-6185(書籍編集部)
印刷／製本	株式会社加藤文明社